天津市重点出版扶持项目

科学蒲公英系列

仰望星空

编　　著　科学蒲公英工作

编　　审　安庆红
副 编 审　张　恺
执行编辑　李　响
撰　　稿　刘　洁　赵之珩　崔亚飞　纪宝伟
图　　片　马　劲

天津出版传媒集团
天津科技翻译出版有限公司

图书在版编目（CIP）数据

仰望星空 / 科学蒲公英工作室编著. — 天津 : 天
津科技翻译出版有限公司, 2021.1
（科学蒲公英系列）
ISBN 978-7-5433-4004-6

Ⅰ. ①仰… Ⅱ. ①科… Ⅲ. ①天文学－青少年读物
Ⅳ. ①P1-49

中国版本图书馆CIP数据核字(2020)第008355号

仰望星空

YANGWANG XINGKONG

出　　版：天津科技翻译出版有限公司
出 版 人：刘子媛
地　　址：天津市南开区白堤路244号
邮政编码：300192
电　　话：（022）87894896
传　　真：（022）87895650
网　　址：www.tsttpc.com
印　　刷：北京博海升彩色印刷有限公司
发　　行：全国新华书店
版本记录：710mm×1000mm　16开本　14.5印张　280千字　268幅图
　　　　　2021年1月第1版　2021年1月第1次印刷
　　　　　定价：66.00元

前　言

　　人类的文明，是从望天、观星开始的。早在五千年前，我们中华民族的祖先就探索了星空运转的规律，掌握了四季循环的周期，确定了月相往复变化的真谛，做到了适时播种、适时收割，大力发展了农业。我们今天使用的农历，就是从夏朝开始的，因而也叫作"夏历"。

　　自古以来称有学问的人"上知天文、下知地理"是有道理、有根基的。

　　现代科学的发展，也是以天文学做引导的。天文学的发展促使着各门科学的进步。各门科学的发展，又有力地推动着天文学在前进。我国的航天员在不久的将来一定会登上月球、移民火星。由仰望星空转而为"触摸星球"，这又会极大地开阔人们的眼界，开拓新的疆域。

　　一个人的智慧启蒙，也是从望天、观星开始的。几乎每一个人在幼年时代，都会向父母发问：月亮为什么有圆缺变化？太阳为什么会发光？星星为什么会眨眼睛……稍长大一些，到了小学阶段还会问：宇宙是怎么来的？黑洞是怎么一回事？有没有外星人……他们对这些秘密充满了好奇，他们在思考、在探索、求知。因此，开设天文课正是顺应了时代的潮流和孩子们的迫切需要。

　　开设天文课，就必须完善系统的天文课本。在之前的教学实践中，编者一边上课，一边编写：通过上课，摸索他们最迫切的需求；通过搜集资料，取得他们最渴求的内容；根据他们的年龄特点，以故事的形式，满足他们的心理需要。

　　此次由天津市青少年科技中心科学蒲公英工作室联合天津市青少年科技教育协会，由天津市青少年科技中心于2019年开发、设计、组织编写的这套《科学蒲公英系列》丛书，是我们根据小学生的认知发展水平，对之前大量的教学实践进行总结后编写的。本套丛书面向小学三至五年级的学生，对有意向开展天文校本课程和天文社团的学校提供指导和帮助。本套丛书将为学校特色教育、天文教育的普及起到积极的推动作用。

　　第二册即本册《仰望星空》，面向四年级的孩子们，讲解小学生喜闻乐见的星座内容，用科学的方式介绍一年中的典型星座，讲解星座的划分、星座故事、星座中的亮星及美丽的星云的知识。每课除教学内容外，还设计了相关课外知识阅读、知识练习检测、动手操作等环节，力求让天文课堂丰富多彩，让孩子们喜欢，让老师便于教学。经过三年的学习，孩子们可以看懂相应的天文书籍及报道，了解天文名词，对天文及航天方面的新闻事件充满兴趣，能够简单操作望远镜等观测设备。对天文感兴趣的孩子，在离开小学课堂后，能够自学相关的天文知识。

我们希望校本天文课的开设，极大地丰富学生们的课外生活。每到晴天的晚上或是日出前的清晨，都会有人举目望天，送走西天的弯月，迎来东升的启明。在灿烂的星光之下，人们向往着，在意想不到的夜晚，出现漫天飞舞的流星雨，等待着拖着长长尾巴的大彗星的出现。无限的激情在幼小的心灵里荡漾，使他们不由得拿起笔来写诗歌、画星图、编故事、写畅想曲、描绘宇宙空间的未来……

在教材编写的过程中，得到了各主管单位领导和行业学（协）会专家的支持与建议，在此一并表示感谢，并预祝所有能够开设此门校本天文课的学校，不断创新，开花结果，培育大量终生喜爱天文学的人才，每年都有新的成果奉献给未来。

目　录

第 1 课

仰望星空

恒星与行星的区别

晴朗的夜晚，仰望璀璨繁星，它们明暗不同、交相辉映，似乎没有什么不同，但只要你连续数月认真观察，便可发现其中奥秘。图 1-1 是某位天文爱好者拍摄的 2018 年 9、10、11 月的南天星空照片，你发现了什么？

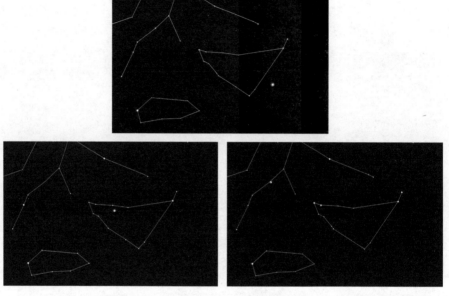

图 1-1　2018 年 9、10、11 月的星空变化。

是的，星空中大多数的星星相对位置几乎不变，只有一颗星星穿梭在它们之间。

早在几千年前，人类观察星空，就发现同太阳一样每天东升西落的满天繁星，它们之间相对位置几乎保持恒久不变，犹如镶嵌在夜的天幕上，随天幕一起绕地球转动，但有 5 颗星却能在其中行走，仿佛在挨家挨户地串门。我们把前者称为"恒星"，后者称为"行星"。恒星与行星最典型的区别即是：看上去恒星在星空中相对位置不会变化，行星在星空中明显移动。🅰🅡

这些夜空中看起来同样闪亮发光的恒星和行星是有本质上的区别的，

观测和研究告诉我们，恒星是和太阳一样能够自己发光发热的"大火球"，有的恒星比太阳还要大得多、亮得多，只是由于离我们太遥远，便成了夜空中的小亮点。那几个爱串门的行星则是地球的"兄弟姐妹"，距地球相对不远，一同绕着太阳转动，它们远比恒星小得多，都不会发光（图1-2）。

图1-2 太阳与行星照片。 AR

夜空中，巨大但遥远的恒星形如针尖，体积不大，但近在身边的行星显得明亮且大，空气中跳跃的尘埃颗粒、气流对它们的影响效果是不一样的（图1-3）。

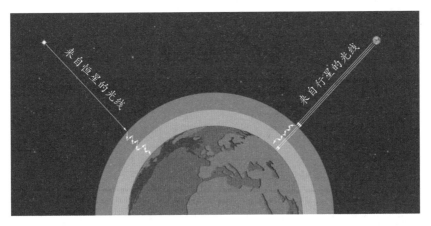

来自恒星的光线

来自行星的光线

图1-3 恒星闪烁而行星稳定，同样的尘埃对恒星和行星的遮挡效果不同。恒星会因遮挡变暗，于是忽明忽暗，行星基本不受影响，亮度稳定。

因此，仔细盯住夜空中的星星，会发现恒星闪烁，行星不闪烁，这是我们肉眼就能看到的恒星与行星的第二个差别（图1-4）。AR

图1-4 冬季星空。

一闪一闪亮晶晶，

满天都是小星星，

挂在夜空放光明，

好像千万小眼睛……

你知道这首脍炙人口的儿歌《小星星》中唱到的星星，是哪一种类型吗？

 **恒星的特点**

恒星有不同的颜色。

仔细观察夜空中的恒星（图1-5），你会发现它们除了亮度不一，颜色也有区别，根据上图写出以下恒星的大致颜色。 AR

参宿四：＿＿＿参宿七：＿＿＿天狼星：＿＿＿毕宿五：＿＿＿五车二：＿＿＿

想一想：恒星的颜色为什么不一样？不同的颜色反映出什么问题？

图1-5 冬季星空照片。

恒星的颜色不仅让夜空变得多彩，其实也能反映出它们的温度特点。蓝色的代表温度高，红色的代表温度低。

恒星的亮度

看起来，恒星的亮度各有不同，为了区分，我们用星等来表示它们的亮度，记作 m。表示星等的数字越大，星星越暗；表示星等的数字越小，对应的星星越亮；在星图上，星点越大，表示星星越亮（图1-6）。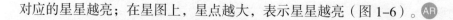

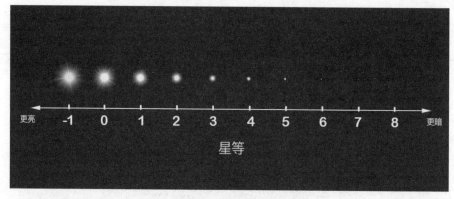

图1-6 星等对应亮度示意图。

　　然而，这种亮度只是在地球上的观测者看到的效果，恒星的真实亮度却是另一番样子。比如，天空中最亮的恒星——太阳，它真正的发光能力并没有夜空中的参宿七的发光本领强，只是因为太阳离我们非常近，所以显得最亮。恒星研究工作中，实际发光本领更重要，于是天文学家使用绝对星等来表示恒星的真实发光本领，也就是把恒星假想放在同一指定距离时呈现出的亮度，绝对星等记作M。

恒星的生命历程

　　恒星的"恒久不灭"只是相对的，与人类一样，恒星并不是永生的，它也有"诞生期""婴儿期""成长发育期""青年期"和"壮年期"，也会走向"衰老"和"死亡"，只是它的生命周期比较长，大多数恒星寿命为10亿至100亿年（图1-7）。恒星的"恒久不动"也是相对的，实际上恒星在高速运动着，比如组成北斗"大勺"的七颗星，它们的移动就会造成勺子的形状发生变化（图1-8）。

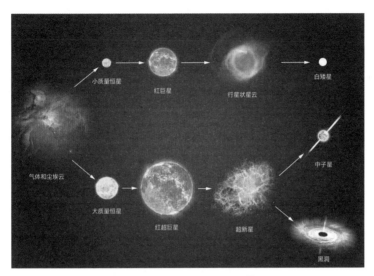

图1-7 恒星的一生。AR

10万年前

现在

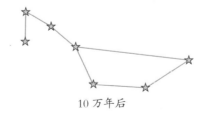

10万年后

图1-8 20万年间北斗星的变形。

但是，对于人类来说，恒星的寿命太长，演变的历程也太长了；恒星距离我们太遥远，人类甚至无法观察到它们之间距离的变化，所以，古人称它们为"恒星"。仰望星空，久而久之，人们根据它们的亮度、位置，想象着创造出了形态各异的星座。

课堂实践

1. 恒星与行星分别在视觉上和本质上有什么区别？

2. 使用手机，下载安装"虚拟天文馆（Stellarium）"APP，并熟悉其功能。

3. 找一个晴朗的夜晚，打开"虚拟天文馆"APP，并按照以下步骤完成实践。

第一步，将"虚拟天文馆"的地点设置为你所在的位置（比如，天津市），把时间调整为当晚的日期和时间，使其显示出当时的星空。

第二步，通过"虚拟天文馆"找到当晚能看到的行星和 3 颗恒星，把它们设为观测目标，填入以下表格。

第三步，走出家门，在夜空中寻找这几颗星，并根据表格提示观察它们的这几项特点，然后填进表格。

观测目标						
是否找到						
颜色						
是否闪光						
亮度排序						

第 2 课

星座的由来

Casliopejas

Cepheus.

　　星空，是一本最有趣的"天文书"，"书"中最生动美丽的就是星座。当深邃幽远的夜幕笼罩着地球，宝石般的星星或明或暗、交相辉映，组成了一个个美丽的星座（图 2-1）。国际上把整个星空划分为 88 个星区，每个星区中的亮星排列出各种阵形，好像一些动物、人物、器具的样子，于是就给它命名为某某星座，例如大熊座、鲸鱼座、猎户座、船帆座、仙女座、六分仪座……这些动物、人物、器具布满了天空，把整个星空装点成一幅栩栩如生的画面。

　　人类文明起源、发展脉络不同，星座文化发展也各有差别，经历了由分散到统一的过程。

图 2-1 夜空中的美丽星座。

点点繁星，闪烁夺目，悠悠银河，星光动人，犹如黑色丝绒幕布上散落着大把大把闪光的宝石。人类自诞生时起就会仰望星空，文明初期，在长久反复地观望星空的过程中，人们对周而复始出现的亮星不断熟悉、假想成形。于是天空渐渐地出现了白兔、狮子、大熊等等动物的形象，这一个个原始的图形就演绎成为后来的一个个星座（图 2-2）。好奇、趣味和记忆就是最初产生星座的原因。

想一想，为什么星座以动物和人物的形象比较多？

图 2-2 全天 88 星座形象图。

⭐ **88 星座完善的历程**

古人的生活、农耕以及航海，需要辨识方向，区分四季，记住播种和收割的适宜时段，需要确定航向和航线，而有规律运转的星空能帮助人们解决这些问题。

《奥德赛》

（古希腊）荷马

奥德赛坐在船尾掌舵，日夜不眠，望着天空的牧夫座、大熊座。女神曾经叮嘱他，把大熊座保持在左手的上空，就能够到达目的地。

这则古希腊小故事真实地反映了辨认星座的方位对于航海定向的指导意义。随着人类文明的进步，人们"创造"的星座越来越多，下面我们分别介绍西方和古代中国星座的发展。

西方星座发展

大约 3000 多年前生活在中东地区的巴比伦人，为了掌握季节和日期，在太阳运行的黄道上建立了 12 个星座：白羊座、金牛座、双子座、巨蟹座、狮子座、室女座、天秤座、天蝎座、人马座、摩羯座、宝瓶座、双鱼座。

2900 年前，这些星座的划分传到了古希腊。希腊人又创造了更多的星座，出现了猎户座、天琴座、天鹰座、蛇夫座……直到公元 2 世纪，天文学家托勒密的星图上就已经有 48 个星座了，几乎占领了全部北部天空（图 2-3）。

15 世纪进入大航海时代，船队航行到了南半球，全新的星空出现在眼前，人们又创造出更多的新星座。

猎户座 AR

图 2-3 3 个希腊星座。（待续）

双子座

宝瓶座

图 2-3（续） 3 个希腊星座。

中国古代星座发展

比起西方的星座来，中国古代的星座体系要复杂得多。我们的祖先不称其为"星座"，而是叫作"星官"或是"星宿"（xiù），而且是"大星座包含着小星座"，形成了"三垣、四象、二十八宿"的体系。

"三垣"是紫微垣、太微垣、天市垣。紫微垣相当于天上的皇宫，其中包含着"皇帝"等 25 个小星官；太微垣相当于政府官员办公的地方，其中包含着"诸侯"等 22 个星官；天市垣相当于天上的一个大集市，其中包含着"车肆"等 17 个星官（图 2-4）。

"四象"是环绕着三垣的四只动物，即东方苍龙、西方白虎、南方朱雀、北方玄武。每一个"象"里包含着 7 个"宿"。

东方苍龙包含着：角、亢、氐、房、心、尾、箕；

西方白虎包含着：奎、娄、胃、昴、毕、参、觜；

南方朱雀包含着：井、鬼、柳、星、张、翼、轸；

北方玄武包含着：斗、牛、女、虚、危、室、壁。

图 2-4 中国古代星图。

★ 星座统一

1922 年，国际天文学联合会规定，将全天划分为 88 个区域，每个区域就是一个星座，这样每一颗星都有了归属。星座命名和划分大多以希腊星座为基础，延用拉丁语命名。这就是现今的 88 星座。

课堂练习

请选择对应星座的名称，填入序号（图 2-5）。

① ② ③ ④ ⑤

图 2-5 选择对应星座名称。

天秤座（   ）；宝瓶座（   ）；室女座（   ）；人马座（   ）；
摩羯座（   ）。

星座内恒星命名

星座里的恒星一般先依照亮度排序，名称按 24 个希腊字母 α 、β 、γ 、δ ⋯⋯排名 [见附录：希腊字母表（附中文读音）]，字母用尽后再用阿拉伯数字接连排名。但是在中国，在使用标准 88 星座名称同时，仍然习惯以中文名称称呼其中部分恒星，比如织女星、轩辕十四、天津四、角宿一、天狼⋯⋯（图 2-6）。

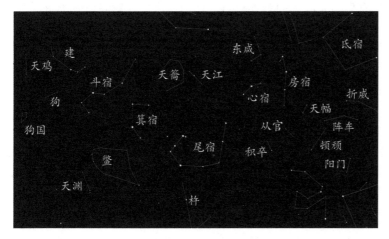

（古代中国）

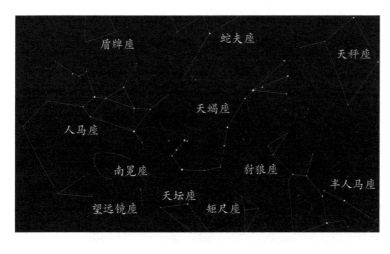

（西方）

图 2-6 同一片星空的中西星座对比图。

每个星座还有着来自罗马神话、希腊神话、中国神话等各色的传奇故事，故事里的人物、动物或者器具的形象可能就在星座之中。

思考： 我国古代的星座和国际上划分的星座有着明显的不同，这些不同有哪些呢？说一说，这个不同有什么弊端？

拓展实践

北斗七星亮度接近、造型独特，在西方人眼里它是大熊座的臀部和尾巴，流传着大熊和小熊母子的感人故事；在中国人眼里它是一个盛酒的勺子或者皇帝的马车（图2-7）。新石器时代的人们还曾把它看成一只"猪"，称这七颗星为"彘（zhì）星"，彘就是"猪"的意思，河南出土的河姆渡文化中，就发现了刻有北斗和猪的陶罐。

民间也流传着有关北斗七星的有趣传说：

一行捉猪的故事

唐朝著名大天文学家张遂，因后来出家为僧，取法名"一行"。一行小的时候家里很穷，靠邻居王姥姥的接济而生。后来，王姥姥的儿子杀人被判入狱，王姥姥便向他求救。 此时的一行虽然已成为唐玄宗言听计从的天文学家，但想求国家特赦重刑罪犯谈何容易。聪明的一行经过苦苦思索，

图2-7　夜空中的北斗七星。

想出了一条利用星象的妙计。

他命浑天寺的伙计们将闯入院子的小猪捉住装进一只大瓮，并用梵文做了封条。第二天早晨，唐玄宗便命太监将一行急匆匆召进宫，焦急地问道："昨夜太史官来奏，北斗星不见了，这是怎么回事？"一行借机献言："回陛下，北斗星是玉皇大帝巡游四方乘坐的车辇，如今帝车不见了，这对陛下可不是什么好事！"皇帝说："你有什么办法使北斗星重新出现在天空吗？"一行假装想了一会儿，慢慢地说："但愿陛下的盛德能够感动星辰，依臣下的意见，不如大赦天下。"玄宗听从了一行的劝告，拍案叫道："好！就依你所见，从今天起，大赦天下。"皇帝的圣旨一宣布，牢门大开，犯人们得到了赦免，王姥姥的儿子也被释放回家了。

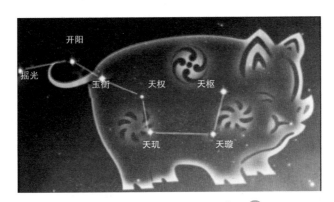

图2-8 北斗七星的猪的形象。AR

图2-9 放猪图。

第二天，一行命伙计们每一天放出一只小猪，一连七天，全部放完。从第二天开始，北斗七星也陆续重返星空。七天之后，北斗大星便全部再现于天空。唐玄宗大喜，重重奖励了一行（图2-8和图2-9）。

《明皇杂录》记载的这则故事，明确地显示出"嵬星"与"北斗星"相互之间的关系。这个故事也再一次说明了星座是人们想象的产物，是大胆的创造，是科学和文化发展的结晶。

课堂实践

下面是一张星图（图2-10），请你发挥自己的想象力，把星点连成一个个星座，按照图形，给每个星座起名称，并回答问题。

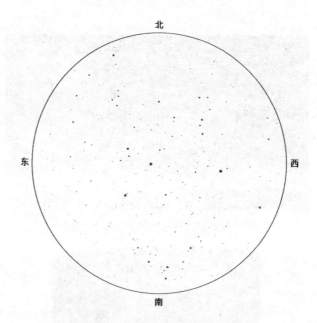

图 2-10 夏季全天星图。

1. 古代的哪些活动，促使着人们规范划分星座？

2. 国际天文学会划分星座的方法，与中国古代的方法有什么不同？

第 3 课

秋季飞马正当空

　　据天文学家观测，太阳和夜空中看得见的以及暗得看不见的恒星组成了一个巨大的星系，这个星系叫作银河系，里面包含千亿颗大大小小的恒星。银河系的主体是中间厚、边缘薄的银盘，形如铁饼，是恒星聚集的区域，太阳就在距离中心大约 2.6 万光年的边缘（图 3–1）。夜晚，我们仰望星空，看到的恒星全都是银河系的成员。但由于太阳处在银河系一侧，地球在绕太阳公转的过程中，不同的夜晚朝向银河系方位不同，看到的星空也就有所不同（图 3–2）。AR

图 3–1 银河系结构简图。

图 3–2 季节不同，星空不同。

观察图 3-2，想一想：

哪个季节的星空繁星密集？为什么？

哪个季节的星空相对寂寥？为什么？

哪个季节不能看到银河？

夏季，地球上的人黑夜里正好望向银盘的中心方向，看到了密集在银盘的恒星如一条白色的星河悬挂在空中，那就是夏季的银河（图 3-3）。冬季，虽没有夏夜的银河中心，但也能看到银盘上的恒星如一条浅色带子纵贯天空（图 3-4）。而春秋两个季节，地球在公转轨道上的位置刚好让夜晚朝向了银盘以外的方向，因此，只能看到包裹着地球的恒星散落夜空，尤其是秋季的星空，更是亮星稀少（图 3-5 和图 3-6）。

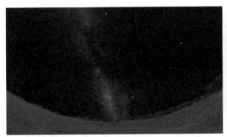

图3-3 夏季星空。壮丽的银河正是银盘中心的方向

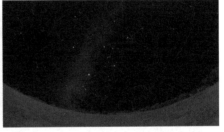

图3-4 冬季星空，亮星最多，缥缈的银河是银盘外侧聚集的恒星。

图3-5 春季星空。银河几乎隐去，亮星不多，但隐藏着海量的河外星系。

图3-6 秋季星空。银河几乎隐去，亮星很少，略显寂寥。

秋季星空不见银河，亮星稀少，但却有一个巨型四边形异常醒目，它是秋季星空的主角和向导，它就是挥着翅膀的飞马座，其星座大小在整个天空中排第七。它周围的星座有宝瓶座、小马座、海豚座、狐狸座、天鹅座、蝎虎座、仙女座和双鱼座（图3-7）。

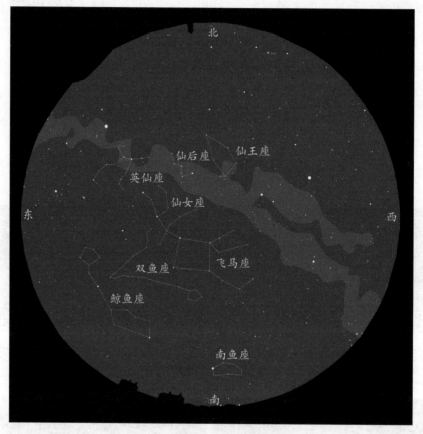

图3-7　秋季星空。

　　每年进入8月，大约晚9点后，飞马座就从东边升出地平线，并在夜里渐渐爬升，要想此时观测飞马座，就要熬到半夜；但随着时间推移，飞马座会一天比一天更早升起，待到10月中旬，天一黑就能看到飞马展翅，倒挂于南部天空（图3-8）。

图3-8 倒挂夜空的飞马座形象。AR

　　飞马座里肉眼可见的星有 57 颗，几乎没有太亮的星，只有 1 颗亮于 2 等，但由于秋季星空鲜有亮星，大四边形还是很容易找到的（图3-9）。

主要亮星	中文名字	视星等[1]	距离（光年）	
飞马座 α	室宿一	2.49	86	
飞马座 β	室宿二	2.42	109	
飞马座 γ	壁宿一	2.78~2.89	480	变星
仙女座 α	壁宿二	见仙女座		

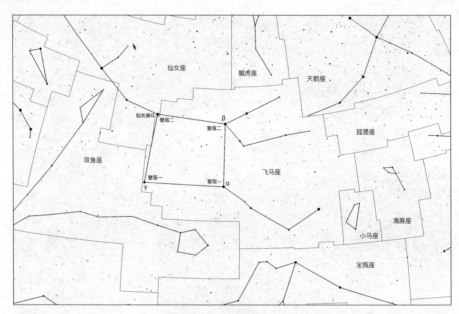

图 3-9 飞马星区图。

1.连接在不同亮度的天空背景下的飞马座恒星，勾勒出大致结构（图 3-10 和图 3-11）。

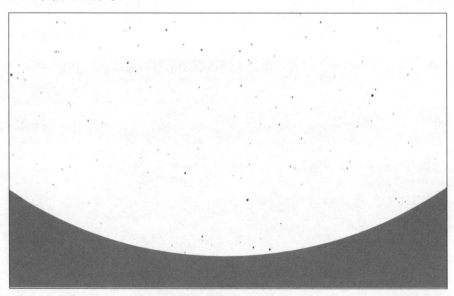

图 3-10 4等情况下的秋季南天星空。

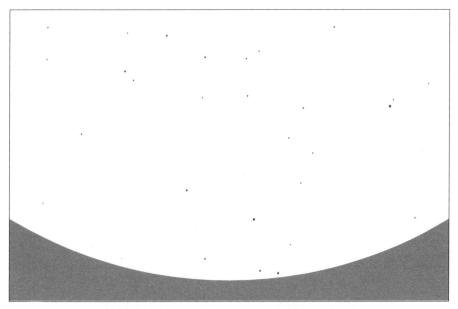

图3-11 3等情况下的秋季南天星空。

结论：在肉眼观星条件通常不高于极限星等[2]3等星的地方，一般看到的飞马座的形象是什么？

2.练习画出飞马座。

参考图	标准亮星＋连线	临摹	星座创想画

骏马珀修斯

飞马座源于古希腊传说故事,当宙斯的儿子、英勇的珀修斯历经艰难险阻,割下怪物美杜莎的头后,从美杜莎鲜血直流的脖颈里跃出一匹长有双翼的骏马,珀修斯赶快将满头舞动着毒蛇的美杜莎的头装入皮革袋子中,骑上骏马飞走了。途经埃塞俄比亚时,正巧遇见被绑在海边大石头上的公主,公主眼看就要被海怪吃掉,珀修斯亮出美杜莎的头,将海怪变成石头,珀修斯趁机带着公主骑马逃离。后来,这匹骏马历经辗转,最终飞上天去,成为飞马座(图3-12)。

图3-12 飞马座的形象。

[1] 视星等:指观测者用肉眼所看到的星体亮度。视星等的大小可以取负数,数值越小亮度越高,反之越暗。

[2] 极限星等：指在当时的观测条件下，肉眼能看到的最暗星的星等。

课后实践

9月至10月期间，挑选一个晴朗、没有月亮的夜晚，走出家门，寻找飞马座。然后完成以下问题：

（1）如何预判当晚的月亮情况？

（2）是否找到飞马座？请画出主要亮星，连成线（图3-13）。

（3）飞马座是秋季代表星座，通过实践，请说一说飞马座的观测季节是否与秋天的到来一致？

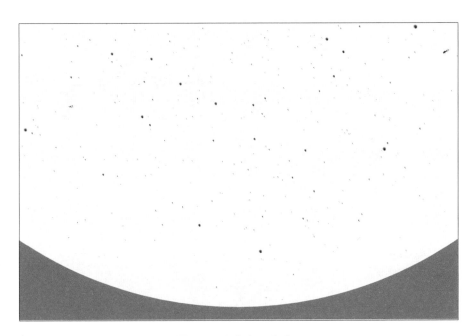

图3-13 秋季南天星图。

第 4 课

仙女座

将仙女座的主要亮星连线，就构成了一个好似坐在椅子上的人的形象，那就是被绑在海边石头上的公主（图4-1）。仙女座是一个不小的星座，按星座大小排列，它位居第19位，与飞

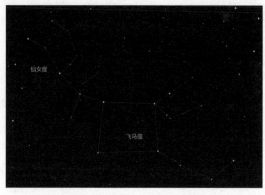

图4-1 仙女座和飞马座连体形象图。

马座、蝎虎座、仙后座、英仙座、三角座和双鱼座相邻。仙女座里肉眼可见的星不少，有54颗，但其中缺乏亮星，易于辨认的只有4颗。

仙女座与飞马座的共有星——壁宿二

壁宿二是秋季四边形中的一颗，同时也是仙女座的一颗星，这颗星代表着仙女的头，因此只要找到飞马座四边形，就能找到"仙女的头"——壁宿二，也就能找到"仙女"了（图4-2）。🄰🄡

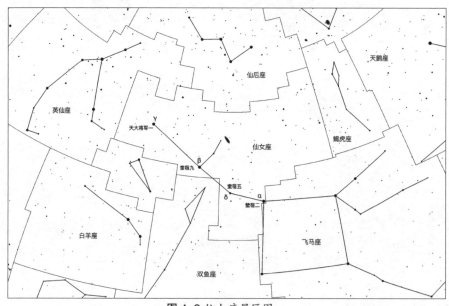

图4-2 仙女座星区图。

主要亮星

主要亮星	中文名字	视星等	距离（光年）	特点
仙女座 α	壁宿二	2	100	变星
仙女座 β	奎宿九	2	84	红巨星
仙女座 γ	天大将军一	2	354	著名双星
仙女座 δ	奎宿五	3.27	160	

课堂练习

在图 4-3 的仙女座和飞马座中，用红色笔标注出亮于 2 等的星，并数一数有几颗？用蓝色笔标注出亮于 3 等的星，并数一数有几颗？用黑色笔标注出亮于 4 等的星，并数一数有几颗？填入下面的括号中。

2 等（ ） 3 等（ ） 4 等（ ）

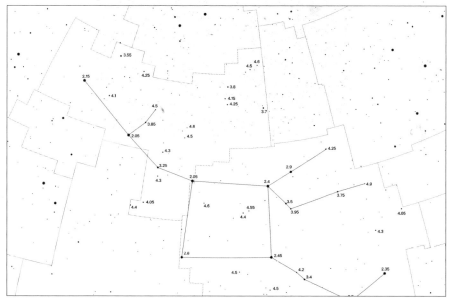

图 4-3 仙女座和飞马座星图。

仙女座星系

晴朗无月的夜晚，顺着"仙女"的"膝盖"部位延伸出去，肉眼就能发现一个模糊的椭圆形白色云团，这个白色的云团早在 400 年前就被德国天文学家发现了，并由法国天文学家梅西耶编入著名的"星云星团表"，编号为 M31。然而，它的真实身份直到 300 多年后才得到最终确认。原来，人类通过观测确认了我们在银河系后，德国天文学家康德曾假想宇宙就像一个海洋，包含数亿恒星的银河系犹如海洋中的"宇宙岛"，银河系外面还有很多"宇宙岛"，比如仙女座中的这个云团。然而仙女座中这个神秘云团到底是银河系内的星云，还是银河系外的另一个星系呢？随着望远镜性能的不断改进，人类对遥远的神秘云团观测得越来越精确，直到 1924 年，美国天文学家哈勃才最后确认它是银河外的星系。

图 4-4 仙女座中的神秘云团（箭头所指即为 M31）。

仙女座星系直径约有 22 万光年，比我们所在的银河系大得多，距离地球有 254 万光年，是距银河系最近的大星系，是北半球唯一肉眼能看到的银河外星系，也是人类肉眼能看到的最遥远的天体。仙女星系正以每秒 300 千米的速度朝着银河系运动，科学家预言它在 30 亿至 40 亿年后可能会撞上银河系，最终合并成椭圆星系（图 4-5）。

图 4-5 假想30亿至40亿年后夜空中的仙女座星系。

　　仙女座星系视星等约有 4 等，晴朗无云的夜晚，很容易找到它，使用一架小型天文望远镜还能看出椭圆形状，若是通过一些大型望远镜或者天文摄影，便可以看到非常震撼的星系结构，且越接近中心越明亮。摄影作品中还能清晰地看到它左上方的伴星系——M32，这是一个较小的星系，直径只有大约 8000 光年，距离地球约 249 万光年。据推断，它也许是一个独立星系与 M31 碰撞合并后的残余。M31 的右下方还有一个明显的星系结构 M110，那是仙女座星系的另一个近邻伴星系，直径大约 1.7 万光年，距离地球 269 万光年。M31、M32、M110，是非常适合天文爱好者观测和拍摄的梅西耶天体[1]之一（图 4-6）。

图 4-6 天文爱好者拍摄的仙女座星系（标记出 M32 和 M110）。

正如康德假想，银河系外分布着数以亿计的星系，犹如浩瀚宇宙中的一个个岛屿，每个星系中都包含数以亿计的恒星。然而，它们都距离我们太遥远了，我们肉眼只能看到银河系内的恒星，这些银河外星系都隐藏在星座中，可以通过望远镜看到它们的"身影"（图4-7）。AR

图4-7 哈勃空间望远镜拍到的宇宙岛。

仙女座位于飞马座东面，但纬度略高于飞马座，因此与飞马座升出地平线的时间差不多。每年进入8月，大约晚9点后，仙女座从东北方向升出地平线，并渐渐爬升，这时由于在星空中位置较低，不易观测；随着时间推移，等到10月中旬，天一黑就能看到"仙女"追着"飞马"挂于南天。

1.练习画出仙女座。

参考图	标准亮星+连线	临摹	星座创想画
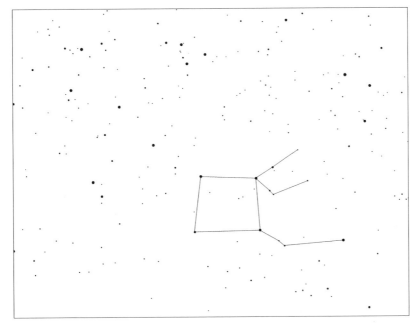			

2.练一练

在下图（图4-8）中找出仙女座的星点，并连线组成仙女座。

图4-8 星图中已标识出飞马亮星和连线，请找出仙女座中的星点并连线。

3.排序练习

仙女座星系、银河系、M110、M32,按直径大小,由大到小排列顺序是?

_____ > _____ > _____ > _____

仙女座星系、M110、M32、太阳、壁宿二按照到地球的距离从近到远,排列顺序是?

_____ > _____ > _____ > _____ > _____

名词解释

[1]梅西耶天体: 指由18世纪法国天文学家梅西耶所编的《星云星团表》中列出的110个天体。

课后实践

10~11月间,找一个晴朗无月的夜晚,找到仙女座大星系 M31。

第 5 课

英仙座

Casliopeja.

Cepheus.

古希腊人把英仙座想象为手提美杜莎头颅的英雄形象。英仙座是北天一个大名鼎鼎的高纬度星座（图5-1），从东北方向升起，西北方向落下，但是因为星座中亮星不多，

图5-1 手提美杜莎头颅的英仙座。

又与仙女座、仙王座等星座毗邻，不是很容易找到。

英仙座位于仙女座西侧，是一个中等大小的星座，在全天88星座中排第24位，与金牛座、白羊座、三角座、仙女座、仙后座、鹿豹座和御夫座相邻。星座中肉眼可见的星有65颗，其中2等星2颗，3等星4颗，其连线结构很像"卜"字，而象征莫杜莎头颅的那颗恒星也很有名，这颗恒星是英仙座β，中文名字叫"大陵五"，是一颗著名的食变星，它忽明忽暗，犹如仍在挣扎的妖魔（图5-2）。AR

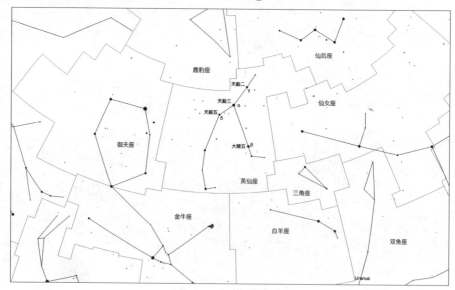

图5-2 英仙座星区图。

英仙座主要亮星表

主要亮星	中文名字	视星等	距离（光年）	特点
英仙座 α	天船三	2	620	光度很强，约是太阳的5500倍
英仙座 β	大陵五	2~3.4	93	食变星，被称为"妖魔星"
英仙座 γ	天船二	3	110	
英仙座 δ	天船五	3	360	变星

每年的9月中旬，大约晚9点后，英仙座渐渐从东北方地平线升起，大约子夜时段爬升至最高，达到最适合观测的高度，要是不想熬夜观星，那就要等到11月，天黑后英仙座的高度已经很利于观测。由于英仙座在天球上的纬度较高，在它升起的过程中，我们要面向东观测；升至最高位置时，要面向北更适合；在它落下的过程中，则面向西观测。高纬度星座可观测时间相对较长，直到转年4月中旬，英仙座才慢慢落下地平线。

英仙座对应的星区是中国古代星空的"船"宿，其中最亮星 α 中文名称为"天船三"，亮度刚刚超过2等。

变星

有的恒星的亮度会发生变化，根据变化的原因主要有两种：光学变星和食变星。顾名思义，光学变星就是恒星本身的光度在发生变化，而食变星是因为恒星被遮挡造成了亮度变化。

课堂练习

食变星原理图	想一想并回答	
图 5-3 食变星绕转原理图。AR	哪个位置时，该星最亮？	哪个位置时，该星最暗？

练习画出英仙座。

参考图	标准亮星+连线	临摹	星座创想画
	英仙座　大陵五	（请标出代表美杜莎头颅的恒星，并写出它的中文名字。）	

英仙座流星雨

英仙座流星雨是北半球三大著名流星雨之一，出现在每年 8 月 7 日至 15 日，8 月 12 日左右达到极盛，是观测的最佳时间。在极盛夜，流星将集中出现，理想的观测条件下，天顶流量可达每小时约 100 颗。

想一想：影响流星雨观测效果的因素有哪些？如果你去观测今年的英仙座流星雨，请根据以下提示填写观测条件，并判断是否适合观测。

时间：_____

地点：_____

月亮：_____

天气：_____

大英雄珀修斯

长着双翼的骏马成了飞马座，被救的公主变作仙女座，而英勇的珀修斯也升入天空变成了英仙座。珀修斯是古希腊神话中的一位大英雄，是天神宙斯和阿尔戈斯国公主所生的孩子，由于阿尔戈斯国王曾经得到神谕说他可能会死在自己的外孙手上，因此当他知道女儿生下珀修斯后，赶快把她们母子装进木箱子扔进大海。宙斯暗中保护公主母子，使木箱漂到一个小岛，被岛上国王救起并收养。长大后的珀修斯成为一名勇士，接受了智慧女神雅典娜派遣的任务——杀死妖女美杜莎。美杜莎是戈尔贡三女妖之一，她的头发是舞动着的毒蛇，无论是谁，只要看她一眼，就会立刻变成石头。珀修斯带着闪闪发亮的盾牌，通过盾牌反光找到美杜莎，用一把锋利破石的宝剑割下她群蛇乱舞的头颅，装进一个能束缚一切的皮革袋子，成功地完成任务，并骑上从美杜莎脖子里飞出的骏马飞走了。雅典娜践行诺言，将珀修斯提拔为奥林匹斯山上的神，并升入天空成为英仙座（图5-4）。

图 5-4　珀修斯智杀美杜莎、勇救公主的故事。

　　11～12 月，选择晴朗无月的夜晚，走出家门寻找英仙座。请写出周边星区星座名称，标出大陵王，补充完成下图（图 5-5）。

图 5-5 英仙座及周边星区图。

第 **6** 课

仙王座和仙后座

Cashiopejas

Cepheus.

仙王座和仙后座是皇室星座的两位主角，是秋季代表星座之一，由于两个星座的纬度非常高，随着季节和时间变化，只是在北部天空中的位置有高低、方位变化，全年都不会落下地平线，也被划分为永不下落的拱极星座。

仙王座

仙王座（图6-1）也是个中等大小的星座，按星座大小位居第27位，与蝎虎座、天鹅座、天龙座、小熊座、鹿豹座、仙后座相邻。构成仙王座轮廓的星有7颗，构成了一个有

图6-1 仙王座。

点歪斜的五边形，好像一个铅笔头。这几颗星都不算亮，大约都在3~4等左右，其中最亮星是 α 星，中文名字叫"天钩五"（图6-2）。

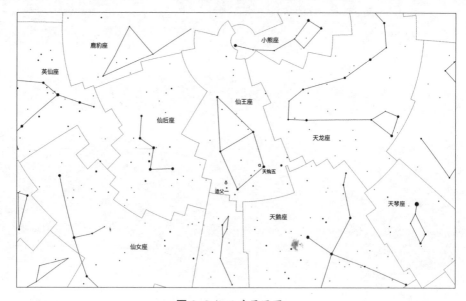
图6-2 仙王座星区图。

仙王座主要亮星表

主要亮星	中文名称	视星等	距离（万光年）	特点
仙王座 α	天钩五	2.4	51	仙王座最亮星。由于地球自转轴的岁差运动，5500年后，它将是指示北方的"北极星"
仙王座 δ	造父一	3.5~4.4	1500	仙王座最著名的星，是一颗本身光度正在变化的造父变星
仙后座 ε	阁道二	3.4	59	

仙王座中最著名的星就是仙王座 α（天钩五）和仙王座 δ（造父一）。天钩五是未来的北极星，由于地球是绕自转轴自西向东转动，所以太阳、月亮、所有星星都会反方向东升西落，只有极轴指向的位置不动，现今离极轴北点最近的星星是小熊座 α（勾陈一），在北

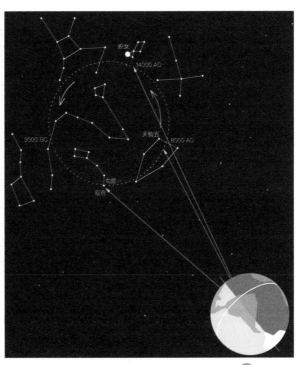

图6-3 地轴进动造成北极星变迁。AR

半球千百年来的斗转星移中，只有它几乎静守不动，可用来指北，因此又名北极星。然而，由于地轴进动（指地轴指向的圆锥形运动——编者注），5500 年以后，位于极轴北点的星星将是天钩五，那时天钩五就该叫北极星了。12 000 年后，织女星也会成为北极星（图 6-3）。

造父一是著名的变星。1784 年，英国青年聋哑人古德利克最早发现造父一是一颗变星，并且不是大陵五那样的食变星，而是本身的光度在发生变化的真正的变星。从那以后，天文学家们将与其光度变化原理一样的恒星都归类为造父变星。科学家们可以利用造父变星的变光周期与亮度测定星团和星系的距离，因此造父变星还有"量天尺"的美誉。

⭐ 仙后座

身为王后的仙后座（图 6-4 和图 6-5）自然紧挨着仙王座。仙后座有 3 颗 2 等星，3 颗 3 等星，主要亮星连线成一个"W"或者"M"造型。仙王座与仙后座一起依偎在北极星附近的淡淡的银河边，是北天终年可见的永不下落星座。仙后座也是一个中等大小的星座，按星座大小位居第 25 位，与仙女座、蝎虎座、仙王座、鹿豹座和英仙座为邻。

图 6-4 仙后座。

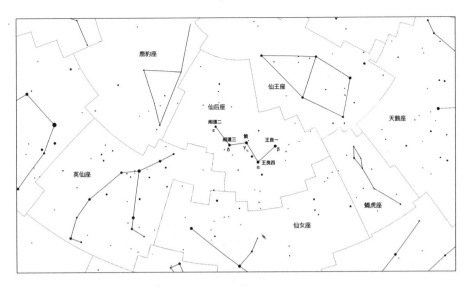

图6-5 仙后座星区图。

 仙王座主要亮星表

主要亮星	中文名称	视星等	距离（万光年）	特点
仙后座 α	王良四	2.2	14	仙后座中最亮的星，疑似变星
仙后座 β	王良一	2.3	49	目视双星（望远镜中看，其实是两颗恒星）
仙后座 γ	策	2.5	850	光学变星
仙后座 δ	阁道二	2.7	88	食变星
仙后座 ε	阁道三	3.4	590	

　　仙王座和仙后座一同围绕在北极星附近，是永不下落的星座，因此全年都可以看到，但每年11月中旬的晚八九点钟，仙后座爬升至星空最高处，挂在北天高空，面向北观测时，正好像一个"M"，"铅笔头"仙王座就在仙后座的左下位置。

能指北的仙后座

仙后座与北斗七星都能够帮助我们确定北极星的位置。它们犹如以北极星为支点的跷跷板，此升彼落，当冬季北斗七星转到北部地平线附近，容易被地面物遮挡住时，我们便习惯通过仙后座来寻找北极星。

方法："W"或"M"两外边的反向延长线的交点 o 与 γ 星连线，延长 5 倍 "oγ" 的距离，便找到了小熊座的北极星（图 6-6）。

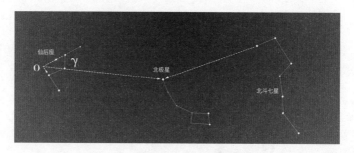

图 6-6 仙后座和北斗七星指北图。

练一练：在下图中找到仙王座和仙后座主要亮星并连线（图 6-7）。

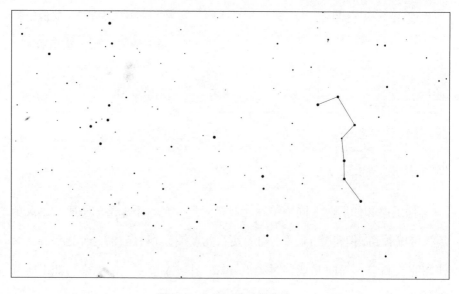

图 6-7 北天极附近星区图。

练习画出仙王座与仙后座。

参考图	标准亮星+连线	临摹	星座创想画
	仙王座	（请标出仙王座 δ，并写出它的中文名字。）	
	仙后座	（请标出仙后座 γ，并写出它的中文名字。）	

拓展阅读

仙王座与仙后座

被珀修斯营救的公主的父亲——古埃塞俄比亚的国王西菲乌斯，便是仙王座的原型。在国王的统治下，古埃塞俄比亚的国民原本过着平静幸福的生活，但是王后酷爱炫耀，常常夸口自己的女儿美貌出众，连海神波塞冬的女儿也逊色许多。波塞冬听到后，决定惩罚这个国王和王后，便发洪水淹没埃塞俄比亚的良田，使全国陷入灾难。为了拯救国家和人民，国王无奈地答应了波塞冬的要求，献出女儿去喂海怪。幸亏路过的珀修

斯营救了公主。珀修斯和公主升入天空化作英仙座和仙女座后，国王和
王后也都被放到天空，成为北天非常著名的星座——仙王座和仙后座。
这一家人也成为北天的王族星座（图6-8）。

图6-8　柏修斯营救公主。

课后实践

　　11月中旬，选择一个晴朗的夜晚，通过北斗七星和仙后座的位置，
确定你家房子的朝向。

第 7 课

秋夜四条鱼

暗淡的秋季星空中，有四条鱼为夜空增添了传奇色彩，那就是母子连心的双鱼座（图7-1）、要吞吃公主的海怪——鲸鱼座和美神的化身——南鱼座。

双鱼座

飞马座四边形是秋季星座的最好向导，四边形的左下方就是双鱼座，其星区面积较大，星座中肉眼可见的恒星大约有50颗，但最亮星只有4等，共有12颗。双鱼座按星座大小位居第14位，与其相邻的星座有鲸鱼座、宝瓶座、飞马座、

图7-1 双鱼座。

仙女座、三角座和白羊座。双鱼座最著名的是位于其中的春分点，其"L"的形状，像是被丝带系在一起的两条小鱼，整个星座显得非常黯淡，不易于辨认（图7-2）。每年3月21日前后，太阳在天球上运行到春分点，对应着"春分"节气，进入天文意义上的春季。

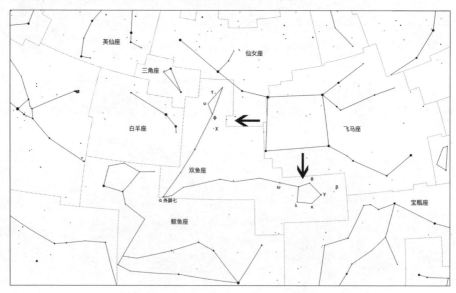

图7-2 双鱼座星区图。

虽然双鱼座面积不小，但星座中并没有亮星，散落的 4 等星和 5 等星组成了两条用丝带连接的小鱼，极易淹没在天光背景之中。但因为它是一个黄道星座，所以也是人们热衷寻找的一个星座。

 双鱼座主要恒星

部位	飞马南面一条鱼						飞马东面一条鱼					两鱼连接点
星名	ω	θ	β	γ	κ	λ	χ	ψ	φ	υ	τ	α（中文：外屏七）
星等	4.01	4.28	4.53	3.69	4.94	4.50	4.66	5.34	4.65	4.76	4.51	3.8（双星）

寻找南鱼座

南鱼座（图 7-3）是双鱼座中的爱神母亲单独放在飞马座下的一个面积不大的小星座，按星座大小位居第 60 位，周围有天鹤座、显微镜座、摩羯座、水瓶座和御夫座。对于北半球观测者来说，南鱼座在天空中的位置比较低，越往北越低。理论上我国观测者都能看到完整的双鱼座，我国以北的国家只能看到残缺的南鱼座，而北纬 65° 以北的地方就完全看不到它了（图 7-4）。

图 7-3 南鱼座。

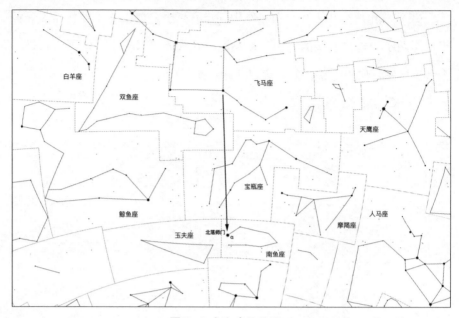

图 7-4　南鱼座星区图。

南鱼座中肉眼可见的恒星只有 15 颗，其中却包含了一颗著名的亮星——北落师门。北落师门是南鱼座 α 星，是鱼嘴的位置，视星等为 1 等，距离我们只有 25 光年。这颗恒星基本位于黄道之上，与金牛座（冬季星座）的毕宿五、天蝎座（夏季星座）的心宿二和狮子座（春季星座）的轩辕十四并称北天"四大天王"，是西北部天空各个季节的明星代表，都泛着红色（图 7-5）。南鱼座中的其他恒星基本都是一些暗星。

图 7-5　黄道带上的"四大天王"。

 主要特点

主要亮星	中文名称	视星等	距离（万光年）	特点
南鱼座 α	北落师门	1	25	与天蝎座 α（心宿二）、狮子座 α（轩辕十四）、金牛座 α（毕宿五）并称"四大天王"

顺着飞马座四边形中室宿一、室宿二的连线向下找，就能发现这片星空中少有的亮星——北落师门，其亮度高达 1 等，是整个秋季星空中最显眼的恒星，在基本只有暗星的南方天空中显得格外突出。每年 8 月中下旬，晚 9 点后，南鱼座从东南方升起，直到 10 月中旬，均适合观测，但南鱼座纬度低，在天空中的位置始终太低，南面天空一定要开阔才能找到北落师门。南鱼座也是美神阿佛洛狄特的化身，是宙斯放入星空中的一个星座。

寻找鲸鱼座

鲸鱼座就是想要吃掉安德洛美达公主的海怪，它被经过的珀修斯吸引，看了一眼美杜莎的头后变成了海边的一座巨石，后来和王族星座一起被放入秋季星空，成为鲸鱼座（图 7-6 和图 7-7）。

鲸鱼座是一个大星座，按大小位列第 4 位，星座里肉眼可见的恒星有 58 颗，其中包括 1 颗 2 等星和 5 颗 3 等星，构成了一个躺椅般的造型，躺在双鱼座的南方、水瓶座的东方，与御夫座、宝瓶座、双鱼座、白羊座、金牛座、波江座和天炉座相邻。

图 7-6 秋季南天星座中的鲸鱼座。

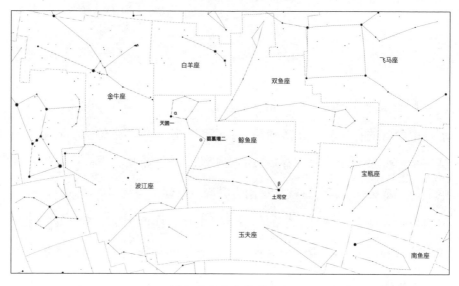

图 7-7 鲸鱼座星区图。

主要亮星	中文名称	视星等	距离（万光年）	特点
鲸鱼座 α	天囷（qūn）一	2.54	220	红巨星
鲸鱼座 β	土司空	2	96	与北落师门同为秋季南方星空少有的亮星
鲸鱼座 γ	蒭藁增二	2~10	417	长周期变星，周期约为332天，亮度变化区间很大，被称为"奇妙的星"

鲸鱼座中的两颗 2 等星分别是鲸鱼座 β（中文名：土司空）和鲸鱼座 α（中文名：天囷一），它是秋季北落师门之外的第 2 颗亮星，沿着飞马四边形的另外一边，即壁宿一和壁宿二的连线向下延伸便能找到它。

每年 11 月中下旬，鲸鱼座升至高空，便于观测。但由于鲸鱼座在天球上的纬度较低，观测者在南面方向较开阔的地方才比较容易找到土司空。

秋季星空虽然黯淡，但在众多星座的装扮下还是有观测亮点的：飞马四边形、仙女座大星系、能找到北极星的仙后座和其他王室星座，点亮秋季夜空的北落师门和土司空，你都能找到吗？（图 7–8）

图 7–8 秋季北天星图（上图）和南天星图（下图）。

1. 试着画出四条鱼星座。

参考图	标准亮星＋连线	临摹	星座创想画
	双鱼座		
	北落师门 南鱼座		
	鲸鱼座 土司空		

2. 请在下图（图7-9）中按照秋季观星指南，先找到飞马座，然后一一找出其他星座、连线并标出名称。

图 7-9 秋季星图。

爱神母子化身的双鱼座

丝带连接的两条鱼是美神和爱神母子——母亲阿佛洛狄特和儿子艾洛丝，在希腊神话中，他们一起掌管人和神的爱情与婚姻，无论是谁，只要被艾洛丝的金箭射中，便会产生爱情，只要被他的银箭射中，就会拒绝爱情。有一天母子遇到怪兽的攻击，为了躲避，慌忙之中变成两条鱼跳入河中逃走，后来被智慧女神提升到星空，成为双鱼座。

课后实践

11 月中旬，选择一个晴朗的夜晚，试一试在你家附近能看到北落师门和土司空吗?

第 8 课

冬季星空

四季星空中，最绚烂最美丽的当属冬季星空。冬季夜空亮星较多，同时由于冬季气温较低，大气也比较稳定，观测条件相对较好，夜空中的星星熠熠生辉，非常迷人。

冬季大三角

"冬季大三角"（图8-1）是冬季星空中最夺目的一个景观，是辨认冬季星座的重要参照。大犬座的天狼星、小犬座的南河三和猎户座的参宿四，这三颗亮星连接起来，组成一个近乎等边的三角形，便是冬季大三角。

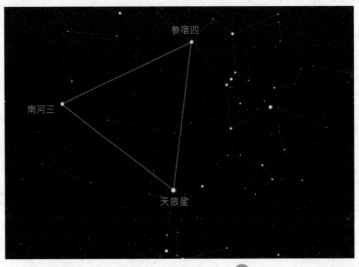

图8-1 冬季大三角。AR

冬季六边形

与冬季大三角相嵌套的"冬季六边形"（图8-2）则串起了冬夜星空中最夺目的星座和亮星。它们是大犬座的天狼星、小犬座的南河三、双子座的北河三、御夫的五车二、金牛座的毕宿五、猎户座的参宿七。

冬季星空中，猎户座是一个向导星座，先找到它就可以将其他星座与亮星一一收入眼中，而猎户座是一个亮星多，同时特征明显的星座。

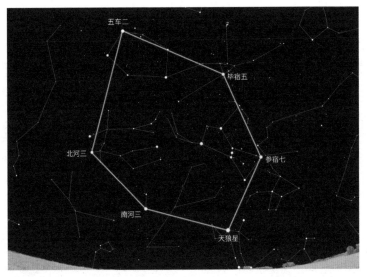

图 8-2 冬季六边形。

看图识星座。请在下面的星图（图 8-3）上，找出上文介绍过的 6 个星座，标出名字，说出每个星座主要的亮星。并在图中连起冬季大三角和冬季六边形。

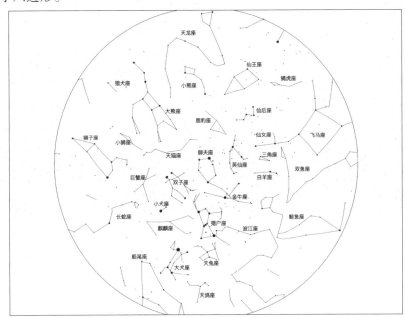

图 8-3 冬季星空图。

冬季星空最迷人（图8-4）

图8-4 迷人的冬夜星空。

　　冬季星空最适合地球观测者观察银河系银盘外部的恒星，虽没有夏季看到的银河核心部位恒星密集，但因为亮星多且冬季空气干燥稳定，这

·冬季星空

时的星空显得格外灿烂，是观星的好时节，但也要注意做好观星和防寒准备（图8-5）。

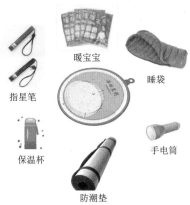

冬季观星必备

暖宝宝

睡袋

指星笔

保温杯

手电筒

防潮垫

图 8-5 观星需要准备的物品。

试着说出每一样物品的用途。

星　　图：＿＿＿＿＿＿＿＿＿＿＿＿＿＿＿＿＿＿＿＿＿＿＿＿＿

手电筒：＿＿＿＿＿＿＿＿＿＿＿＿＿＿＿＿＿＿＿＿＿＿＿＿＿

防潮垫：＿＿＿＿＿＿＿＿＿＿＿＿＿＿＿＿＿＿＿＿＿＿＿＿＿

暖宝宝：＿＿＿＿＿＿＿＿＿＿＿＿＿＿＿＿＿＿＿＿＿＿＿＿＿

保温杯：＿＿＿＿＿＿＿＿＿＿＿＿＿＿＿＿＿＿＿＿＿＿＿＿＿

指星笔：＿＿＿＿＿＿＿＿＿＿＿＿＿＿＿＿＿＿＿＿＿＿＿＿＿

睡　　袋：＿＿＿＿＿＿＿＿＿＿＿＿＿＿＿＿＿＿＿＿＿＿＿＿＿

课后实践

选择一个晴朗的夜晚，在小区里、校园里或者公园里仰望星空。数一数，能看到多少颗亮星？与秋季相比，亮星的数目是明显增多了还是变少了？

第 9 课

猎户座

猎户座是银河边的一个星座，它的名字来源于希腊神话中海神波塞冬的儿子奥利翁（Orion），他是一个神勇的猎手，酷爱打猎。它周边的星座传说也大多与此相关，例如，大犬座和小犬座是陪伴他打猎的爱犬，天兔座是他的猎物。猎户座的经典形象就是一个手举狼牙棒、威武的猎人形象（图9-1）。

图9-1　星空中的猎户座。

在中国的星图中，猎户座主体属于二十八星宿中的参宿（注意：这两个字读作 shēn xiù，不要读成 cān sù。），因此猎户座主要亮星的命名就是以参宿开头的序号，分别为参宿一、参宿二、参宿三、参宿四、参宿五、参宿六、参宿七。这七颗星都是肉眼可见的比较亮的星（图9-2）。按星座大小排列，猎户座位居第26位。猎户座的相邻星座都是冬季重要星座，它们是天兔座、波江座、金牛座、双子座和麒麟座。猎户座中有70多颗肉眼可见的恒星，其中0等星1颗、1等星1颗、2等星5颗、3等星3颗，由此可见猎户座是一个整体显著的星座。

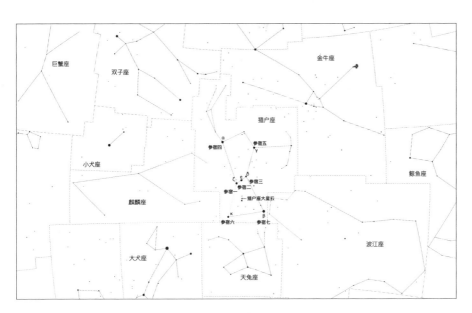

图 9-2 猎户座星区图。

⭐ **猎户座主要亮星**

　　每年进入 12 月后，在天气晴好的夜晚，面向南方天空，只要一抬头就能看到猎户星座，它是冬季星座之王，主要由七颗明亮的星星组成，在这个星座的"腰部"有三颗亮星均匀地排成一条直线，它们不但距离相等，而且都是闪着蓝色光芒的 2 等星，肉眼可见，很容易识别。这三颗星被称为"猎户腰带三星"，中文名称从左向右分别为：参宿一、参宿二、参宿三。民间所说的"三星高照，新年来到"，说的就是这三颗星（图 9-3）。

图 9-3 猎户座三星。

主要亮星	中文名称	视星等	距离（万光年）	特点
猎户座 α	参宿四	0.06~0.75	600	变星，猎人右肩，全天第 10 亮星，红超巨星
猎户座 β	参宿七	0.12	850	猎户座左腿，全天第 7 亮星，蓝超巨星
猎户座 γ	参宿五	1.64	360	猎人左肩
猎户座 κ	参宿六	2.06	2100	猎人右腿
猎户座 δ	参宿三	2.23		猎人腰带最左
猎户座 ε	参宿二	1.7	1200	猎人腰带中间
猎户座 ζ	参宿一	1.77	1300	猎人腰带最右

　　参宿四是猎户座最亮的星，也叫猎户座 α，它是最亮的"红超巨星"[1]。其表面温度约 4000℃，因此呈红色。这里还有一个小插曲，现在观测参宿四并不是猎户座中最亮的，它大部分时候都没有参宿七亮，在全天夜空最亮星排行榜中只能排到第 10 位，而参宿七是第 7 位。这主要是由于参宿四的亮度会发生变化，有时候亮有时候暗，可能古人在命名的时候，恰逢它最亮的时候吧。参宿四质量是太阳的 15 倍，体积是太阳的 7 亿倍（图 9-4），目前已经演化至生命的末期，以参宿四的质量估算，它会随时发生爆炸，成为一颗超新星。参宿七是一颗蓝超巨星[2]，正处在"年轻有为"的阶段。

图9-4 参宿四、参宿七、太阳的体积比例示意图。

⭐ 猎户座大星云

图9-5 猎户座大星云。

在猎户座三星的下方,还有一组"小三星",其实它们是一片星云,也就是"猎户座大星云"(图9-5),它是北半球裸眼所能见到的最亮的星云,它在梅西耶星表[3]中的编号为42,因此常被称作"M42"。使用天文望远镜观看,像是一只在空中飞舞的大蝴蝶,彩色翅膀周围云雾弥漫,柔美动人。从翅膀一端到另一端横跨30光年,总质量和100个太阳一样。星云内部的气体密集之处正在聚集、收缩,产生出一颗颗原始的恒星,发出很强的红外线辐射,激发气体发光,被称为"恒星工厂"。在大星云的上方还有M43,是一片较小的星云。 AR

在参宿一的旁边，通过单反相机拍摄还能呈现出一片如通红的火焰般跳动的星云和好似骏马头部的星云，极为壮观（图9-6）。

图9-6 火焰星云和马头星云。

试着画出猎户座。

参考图	标准亮星 + 连线	临摹	星座创想画

猎户座神话

奥利翁（Orion）是海神波塞冬的儿子，在海中行走如履平地。他从小喜欢在林中打猎，和月亮女神兼狩猎女神阿尔忒弥斯成为好朋友。可是月亮女神的哥哥太阳神阿波罗不同意妹妹与他交好，千方百计地想要破坏他们的友情。一年夏天，猎人奥利翁浸泡在大海中纳凉，只露出脑袋在海面上。恰巧这时太阳神和月亮神一起从他的上空经过。太阳神看到了奥利翁的情景，又想到妹妹的视力远不如自己，便立刻心生一计。他跟妹妹说："你看，海上有块黑色的礁石，你能一箭射中吗？"妹妹说："这有何难？看我的。"于是她搭弓射箭，一箭命中。太阳神夸奖妹妹一番，迅速离去了。月亮神感到情况不妙，赶紧到海面察看，看到奥利翁已经中箭而死。她俯身痛哭一场之后，到天宫去找父亲宙斯，请求把猎人救活。宙斯疼爱女儿，答应了她的请求，把猎人升入天空，镇守凶猛的金牛，成为最明亮美丽的猎户星座。

名词解释

[1] 红超巨星：体积巨大且肉眼观测颜色发红的一类恒星。它是恒星燃烧到生命最后阶段时，体积迅速膨胀形成的。红超巨星表面温度相对很低，但是由于体积巨大而显得极为明亮。猎户座的参宿四就是红超巨星。

[2] 蓝超巨星：肉眼观测颜色发蓝、体积巨大的一类恒星，它与红超巨星都属于超巨星。但是由于其温度和亮度都很高，所以看起来发蓝色。参宿七是一颗非常著名的蓝超巨星。

[3] 梅西耶星表：由法国著名的天文学家梅西耶编制的星表，共收录了 110 个明亮天体，按照序号编排。这些天体是星云、星团和星系中的精

华部分，也是天空中最为壮观美丽的天体，被天文爱好者称为"梅西耶天体"，简称"M 天体"。梅西耶天体的亮度大多都在 10 等以内，使用小型天文望远镜就可以看到。

课后实践

现在已进入冬季，请选择一个晴朗的夜晚，观察猎户座。并记录观测时间和观测方位，在下图（图 9-7）中绘制出猎户座主要亮星在天空中的排列图形。

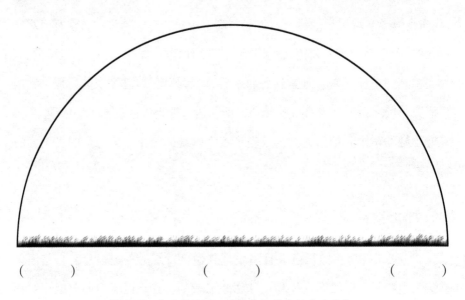

（　　　）　　　　　（　　　）　　　　　（　　　）

图 9-7　南天半天图。（请在括号中标出方位）

时间：_____年_____月_____日_____时

大犬座和小犬座

猎人奥利翁死后（见第71页"猎户神话"），它的爱犬西里乌斯悲痛至极，不吃不动，活活饿死。被西里乌斯的忠诚所感动，宙斯也把它升入天空，成为冬季星空中非常著名的星座——大犬座，同时还送上一只小犬为伴，成为小犬座，两只忠犬伴在猎户座身侧，形影不离，成为相邻星座（图10-1）。

图10-1　大犬座和小犬座形象。

夜空中，你可以通过"冬季大三角"很快找到大犬座和小犬座，大犬座的天狼星是夜空中最亮的恒星，小犬座的南河三也是一颗亮星。二者之间是麒麟座。"斜跨麒麟傍双犬"，很形象地点明了三个星座的相对位置关系。

大犬座

按星座大小排列，大犬座位居第47位，相邻星座有天鸽座、天兔座、麒麟座和船尾座。虽然星座不大，亮星不多，但此星座中拥有4颗2等星，1颗-1等星（夜空中最亮的恒星），因此也是88星座中响当当的星座。

大犬座主要亮星

主要亮星	中文名称	视星等	距离（万光年）	特点
大犬座 α	天狼星	-1.46	8.6	夜空最亮恒星，双星
大犬座 β	军市一	1.98	740	变星
大犬座 δ	弧矢一	1.86	3100	发光能力很强，是太阳的 125 000 倍，只是因为离我们太远，显得较暗
大犬座 ε	弧矢七	1.50	490	
大犬座 η	弧矢二	2.44	2500	

　　亮星是星座的标志，在夜空中，我们可以通过寻找亮星来判断星座的位置，但大犬座和小犬座亮星太少，没有显著形象，我们可以通过猎户座的亮星指引来找到它们。沿着猎户座腰带三星顺着图 10-2 的箭头向东寻找，你就会发现一颗特别亮的星，那就是天狼星——大犬座的最亮星，同时也

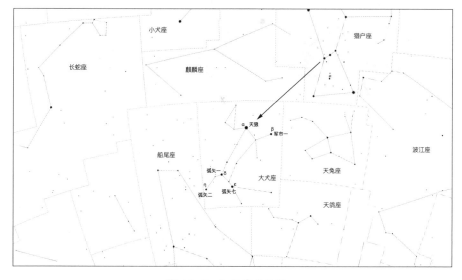

图 10-2　大犬座星区图。

是全天夜空中最亮的恒星。古埃及人曾通过观测天狼星制定年的长度，并根据天狼星的出没规律推测尼罗河泛滥的时间。

其实天狼星是一对双星，天狼星 A 和天狼星 B，也就是两颗星相互绕转，就好比两个小朋友牵着手转圈一样。天狼星 A 的半径大约为太阳的 1.8 倍，表面温度可以达到 1 万摄氏度，超过太阳的表面温度。因此天狼星 A 略显蓝色，属于一颗蓝矮星[1]，而太阳则发黄色。天狼星 B 就要小很多，所以它很难被发现（图 10-3）。天狼星 B 和天狼星 A 一同旋转，它是一颗经典的白矮星[2]。 AR

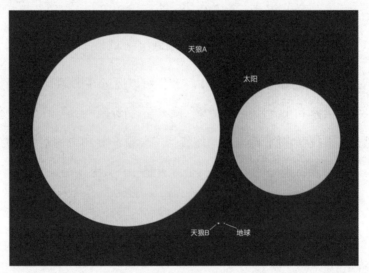

图 10-3 天狼星 A、天狼星 B、太阳和地球比例示意图。图中的主体是天狼星 A，右下角的那个小白点，就是天狼星 B。

 小犬座

小犬座是个很小的星座，在全天 88 星座中排名第 71 位，与大犬座隔着银河各居一岸，周围有麒麟座、双子座、巨蟹座和长蛇座。小犬座不仅面积小，亮星也不多，肉眼可见的星只有 13 颗，易于辨识的一般是南河三和南河二，两颗亮星连成一条短线（图 10-4）。

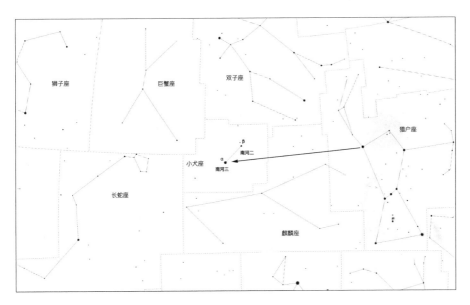

图 10-4 小犬座星区图。

小犬座亮星

主要亮星	中文名称	视星等	距离（万光年）	特点
小犬座 α	南河三	0.40	11.4	双星
小犬座 β	南河二	2.90	140	变星

　　沿着猎户座参宿五和参宿四的连线向东寻找，你会发现一颗亮星，这就是南河三——小犬座的最亮星，它比天狼星暗一点，是一颗近 0 等星，也是全天夜空第八亮星。西方人称它为"比天狼星还早的星"，因为它比天狼星升出地平线的时间要早。

　　大犬座和小犬座是冬季主要星座，每年进入寒冷的 1 月之后，它们在天黑后渐渐升出地平线，正是观测它们的好时机。

课堂练习

试着画出大犬座和小犬座。

参考图	标准亮星＋连线	临摹	星座创想画
	天狼 大犬座		
	小犬座　南河二 南河三		

名词解释

[1]蓝矮星：表面温度较高，但是自身质量较小的恒星。

[2]白矮星：表面温度较高，颜色呈白色，体积较小但是密度很大的一类恒星。一方格巧克力大小的白矮星，其质量就有 10 000 千克。天狼星 B 就是一颗典型的白矮星。

课后实践

晴朗的夜晚，选择小区、校园或者公园仰望星空，找一找：①小犬座除了北河三，还能不能看到其他星？②天狼星位于大犬座什么位置？

第 11 课

双子座和御夫座

围绕猎户座，沿逆时针方向寻找，你基本可以找到全部冬季星座。在确定了大犬座和小犬座后，继续转动时针，便来到第三个、第四个星座——双子座和御夫座。

双子座（图11-1）按星座面积大小排名第30位，其相邻的星座有御夫座、天猫座、巨蟹座、小犬座、麒麟座、猎户座和金牛座。双子座中肉眼可见的星星大致有47颗，其中易于辨认的较亮星不算少，1等星1颗、2等星2颗、3等星3颗，组成了一个四边形，代表

图11-1 双子座。

两个相依的兄弟。代表两个人头部的星星最亮，其中文名字为北河二和北河三。双子座的命名来自希腊神话中的一对双胞胎兄弟（图11-2）。

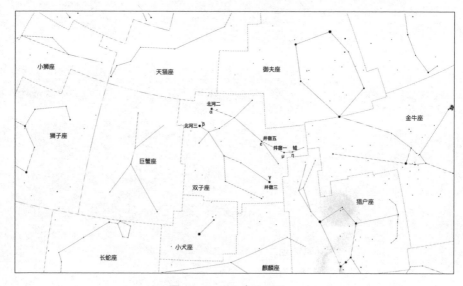

图11-2 双子座星区图。

利用猎户座来寻找双子座是一个很方便的方法，顺着猎户座腰带三星最右侧的参宿三，和左上方的参宿四方向的延长线寻找，你就会发现两个较亮的恒星，它们便是双子座的 α 星北河二和 β 星北河三，代表双子座的头部位置，较亮的一颗是北河三，这样就基本确定了双子座的位置。

双子座主要亮星

主要亮星	中文名称	视星等	距离（万光年）	特点
双子座 α	北河二	1.60	47	六合星
双子座 β	北河三	1.14	35	变星
双子座 γ	井宿三	2	88	
双子座 ε	井宿五	3	1000	
双子座 η	钺	3	190	
双子座 μ	井宿一	3	160	

夜空中双子座的两颗亮星挨得如此近，关系很亲密，这也是古人把它们想象为一对亲兄弟的重要原因。双子座的北河二，即双子座 α 星，是一颗 2 等星，旁边的北河三为双子座 β 星，是一颗 1 等星。这里也出现了命名顺序与亮度不一致的情况。

北河二原本也是一颗 1 等星，后来渐渐暗了下去，降低为 2 等星，这才出现了上述的情况。北河二在夜空中看起来发蓝光。北河二不是一颗恒星，它实际上是一个六合星，也就是说由六颗相邻较近的星聚在了一起，由于离我们太远，肉眼不能够把它们分开，这也使得它看起来比较亮。

　　北河三是一颗红巨星，体积是太阳的 700 多倍，若用望远镜观测，可以清晰地看出它是一颗橘色巨星。北河三是颜色最靓丽的恒星之一，它的橘色与北河二的蓝色形成鲜明对比，十分漂亮。两颗星在整个冬春季节，高挂于北天，为古代海上航行的船只导航。

　　双子座是一个著名的黄道星座，古希腊神话传说中这对亲兄弟是一对英勇善战的勇士，曾经在围猎野猪、智取金羊毛、杀死金牛怪等多次艰险的任务中立下战功，被视为航海的保护神。欧洲许多远航船只的船头都雕刻着他们的形象。

　　每年 1 月初，双子座便在暮色中渐渐升出地平线，子夜时分到达中天，是观测的好时段（图 11-3）。AR

图 11-3 渐渐升起的双子座。

★ 双子座流星雨

　　双子座流星雨是一个流量稳定且亮星很多的流星雨，它与象限仪座流星雨、英仙座流星雨并称北半球三大流星雨。双子座流星雨辐射点[1]在北河二附近，一般发生在每年 12 月 4 日至 17 日，极大时每小时的天顶流量可达到 120 颗左右（图 11-4）。

图 11-4 双子座流星雨辐射点和绚丽的双子座流星雨。

与其他大部分流星雨不同的是，双子座流星雨的母体不是彗星，而是小行星法厄同。

观测流星雨需要良好的观测条件，视野、天光背景（灯光、月光等）、云量都直接影响着观测效果。在双子座流星雨极大的日期，选择观测条件良好的地点，等待辐射点升出地平线就可以开始观测了。 AR

★ 御夫座

御夫座是一个穿过银河的著名星座，按星座大小位居第 21 位，其星座连线构成一个明显的五边形，这五颗星亮度都较高，在夜空中非常容易辨认（图 11-5）。其周边相邻星座有双子座、金牛座、英仙座、鹿豹座和天猫座。御夫座中亮星较多，在 47 颗肉眼可见的星星中有 1 颗 0 等星、2 颗 1 等星、3 颗 4 等星，其中最亮的恒星为御夫座 α，中文名字为五车二。"御夫"的意思是驾驶马车的人，名字源于希腊神话中太阳神阿波罗的儿子——法厄同的一段故事。

　　希腊神话中，太阳神的儿子法厄同为了向世人展示他的真实身份、炫耀其出身，向父亲请求并获得了同意，由他驾驶一次金马车，带着太阳驶入空中给人类送去光明，不料马车失控，造成人间生灵涂炭。为了及时挽救世界，宙斯不得不使用雷锤和闪电击落法厄同，法厄同坠入江河死去。为了安慰伤心悲愤的太阳神阿波罗，宙斯又将法厄同升入星空，成为御夫座。

图 11-5 御夫座星空形象。

　　利用猎户座想找到御夫座也不难，顺着参宿二以及参宿四、参宿五中间的孔隙延伸，你能发现附近的一颗亮星，那就是五车二，御夫座的最亮星 α。如果你仔细在周边观察，可以找出一个明显的大五边形，这就是御夫座构成的（图 11-6）。

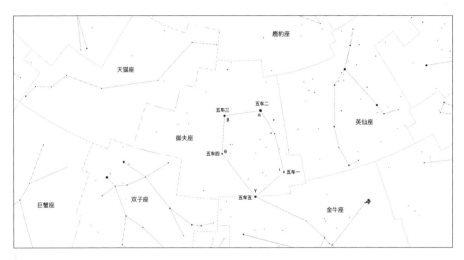

图 11-6 御夫座星区图。

御夫座主要星座

御夫座呈现为一个明显的五边形，这使得它在夜空中非常显眼。御夫在西方意为"驾驶马车的人"，在中国古代这片星空的亮星也以"五车"命名。五车二是御夫座最亮的星，它是一颗 0 等星，也是全天第 6 亮星。五车五是御夫座和金牛座共用的一颗星，它既是金牛座 β 星，又是御夫座 γ 星。其实,这颗星同属两个星座的原因是这颗星的位置发生了变化,1870 年之前,五车五还属于御夫座，但由于这颗星在天球表面向南移动，在 1870 年时越界进入金牛座，故而这颗星成了金牛座 β 星，这种现象称为"自行"。

主要亮星	中文名称	视星等	距离（万光年）	特点
御夫座 α	五车二	0	43	双星
御夫座 β	五车三	2	80	马车夫的肩膀，食双星
御夫座 ι	五车一	3	330	红巨星
御夫座 θ	五车四	3	150	光学变星
御夫座 γ	五车五	3	同属于金牛座，见金牛座	

试着画出双子座和御夫座。

参考图	标准亮星＋连线	临摹	星座创想画
	北河三　双子座		
	五车二　御夫座		

[1] 流星雨辐射点：同一场流星雨的流星在天空中划过轨迹的反向延长线，将会交汇一处，即辐射点。辐射点是一种错觉，流星雨中的所有流星好像是从辐射点发出的一样，而实际上所有的流星轨迹在空间中是平行的，这是一种透视效果。在生活中，你看到两条笔直的铁轨，在远方好像是相交的，就是这种效果（图11-7）。

图 11-7 流星雨辐射点。

课后实践

今年双子座流星雨的极大日期是哪天？请写出阳历和对应农历。从日期角度看，是否适合观测？为什么？

金牛座

围绕猎户座，离开御夫座继续沿逆时针方向寻找，就看到了金牛座（图12-1），其位于猎户座右上。金牛座是一个黄道星座，按其面积大小在88星座中排列第17位，其相邻的星座有

图 12-1 金牛座。

波江座、鲸鱼座、白羊座、英仙座、御夫座、双子座和猎户座。

金牛座肉眼可见的星星较多，有近100颗，其中1等星1颗、2等星1颗、3等星4颗，星座的最亮星泛着红色的光，名叫毕宿五，好像这头牛急红了的眼睛。金牛座的一些亮星构成一个较为明显的"V"字形，在夜空中比较显眼，这些都可以作为夜晚识别金牛座的标志（图12-2）。

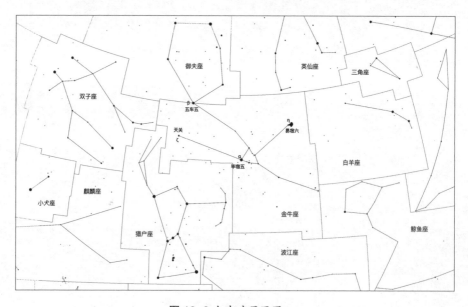

图 12-2 金牛座星区图。

金牛座主要亮星

主要亮星	中文名称	视星等	距离（万光年）	特点
金牛座 α	毕宿五	0.85	65	与天蝎座 α（心宿二）、狮子座 α（轩辕十四）、南鱼座 α（北落师门）并称"四大天王"
金牛座 β	五车五	1.65	150	同时是御夫座 γ
金牛座 ζ	天关	3	520	
金牛座 η	昴宿六	3	260	

如何找到毕宿五和金牛座

沿着猎户座腰带三星连线向西寻找，会发现一颗泛着红色的亮星，那就是毕宿五，金牛座最亮的星。找到了它，就基本确定了金牛座的位置。观察毕宿五附近，可以找到金牛座亮星组成的 V 字形结构，这是"牛脸"，沿着 V 字开口 3~4 倍距离处还有两颗较亮星，是"牛犄角"，其中一颗亮的正是金牛座与御夫座的"共享星"——五车五。代表另一个"牛犄角"的星叫天关，通过望远镜可以看到位于附近的 M1，即蟹状星云。在"牛脸"右侧，肉眼可见一团模糊的星团，那是昴星团，又称"七姐妹星团"。

金牛座在我国古代天文学中位于毕宿，因此这里的亮星多以毕宿命名。图 12-2 中最亮的那颗星，便是毕宿五，也是全天第 13 位亮星，表面温度约 4000℃，温度较低，因此呈现橘红色，我们经常说金牛的眼睛是红彤彤的。毕宿五体积非常大，约为太阳体积的 38 倍，按照分类它属于一颗红超巨星，已经进入恒星演化的老年阶段。与天狼星相比，毕宿五就是一个庞然大物（图 12-3）。

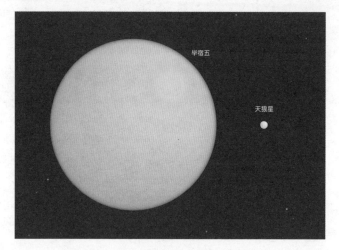

图 12-3　天狼星和毕宿五体积比例示意图。

昴星团

昴星团是金牛座中最知名的一个亮星团，在梅西耶星表中编号 45，简称 M45。它位于毕宿五的西侧，总亮度相当于一颗 1.2 等星，肉眼可见。昴星团又被称为"七姐妹星团"，原来这里有七颗亮星，像七个仙女在天庭翩翩起舞，后来昴宿三星渐渐变暗，肉眼不那么容易看到了。最好使用天文望远镜观看昴星团，在望远镜里大星放光芒，小星一团团（图 12-4）。

图 12-4　天文摄影作品的昴星团。

蟹状星云

蟹状星云（图 12-5），是梅西耶天体的 1 号，简称 M1，位于金牛座左侧，距离地球大约 6500 光年，视星等 8.5 等，肉眼看不见，只能利用望远镜才能观测到。蟹状星云名气很大，它被证实是一次超新星爆发的遗迹，并且对于这次超新星爆发，中国宋代的天文学家是做过观测记录的，那就是著名的"天关客星"[1]。这颗超新星也被称为"中华超新星"，后来人们还在蟹状星云中发现了一颗脉冲星[2]，也是超新星爆发的产物。现在蟹状星云还在不断向外膨胀。

图 12-5 蟹状星云。

试着画出金牛座。

参考图	标准亮星 + 连线	临摹	星座创想画

名词解释

[1] 天关客星："天关"是中国古代的星名，位于金牛座，"客星"是中国古代对异常出现天体的称谓。史书记载北宋至和元年，即公元 1054 年，天关星附近突然出现一颗异常恒星，它"昼见如太白，芒角四出，色赤白"。它的亮度很高，在白天也能看见它；它像太白金星一样，光芒四射，星光呈红白色。这样的星象持续了 23 天，后来它的亮度渐渐降低，将近两年后才逝去。

[2] 脉冲星：就是旋转的中子星，这种星体不断地发出周期性的电磁脉冲信号，因此被命名为脉冲星，它在 1967 年首次被发现，并被命名。

课后实践

仔细观察冬季星空的亮星，都有哪些颜色？哪些星星颜色相近？

第 13 课

春季星空

阳春三月，春姑娘迈着轻盈的脚步走来了，星空也在一天天地改变着面貌。"参横斗转，狮子怒吼，银河回家，双角东守"[1]是春季星空的写照（图13-1）。

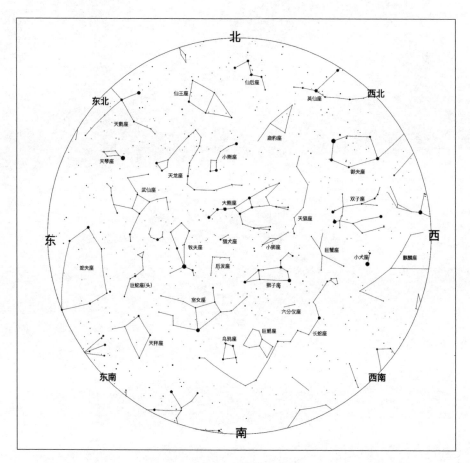

图 13-1 春季星空图。

初识美丽的春季星空

选择一个晴朗的夜晚，离开喧闹的城市，来到一个静谧的山村，举头仰望满天的繁星：北斗七星像一把大勺在空中闪闪发光，狮子座怒吼着蹿入天空，室女座展开双翅在天空飞翔，牧夫座在东北方悄然升起，而那最大、最长的长蛇星座则在南部天空驰骋。

观察春季星空图，首先找到大熊座的北斗七星，然后寻找三颗亮星：狮子座的轩辕十四、室女座的角宿一、牧夫座的大角星。在狮子座的尾巴上是五帝座一。把大角、角宿一、五帝座一这三颗星连成一个正三角形，这就是"春季大三角"。

认识春季的四个星座

长蛇座

长蛇座（图 13-2）是天球[2]上最大的星座，论面积在 88 星座中排名第一。它的头部在巨蟹座以南，尾巴一直延长到了天秤座。每年的 2 月 15 日晚上 6 点半从东南方的地平线上升出"蛇头"，一直要到第二天的凌晨 1 点半，才能升出蛇尾。在长蛇的身上还驮着三个小星座：六分仪座、巨爵座、乌鸦座。与长蛇座相邻的星座还有唧筒座、罗盘座、船尾座、麒麟座、小犬座、巨蟹座、狮子座、室女座、天秤座和半人马座（图 13-3）。这个星座里亮于 5.5 等以上的星就有 71 颗，可是只有一颗 2 等星，名叫长蛇座 α，中文名叫"星宿一"，它是一颗红巨星，体积是太阳的 17 000 倍，光度是太阳的 100 倍，因为它放射着清凉的红光，周围又没有亮星，人们叫它"孤独者"。它正好位于长蛇座的心脏，每年的 4 月 15 日晚间 8 点升到正南方，你可以在比较黑暗的环境中找到它。

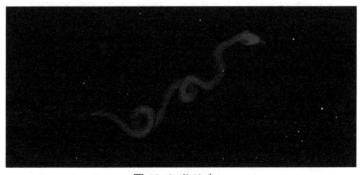

图 13-2 长蛇座。

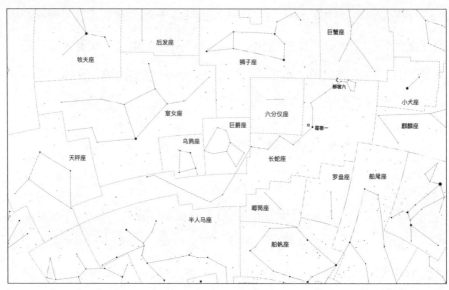

图 13-3 长蛇座星区图。

后发座

后发座（图 13-4）在大熊座、狮子座、室女座、牧夫座、猎犬座星座的包围之中，在88个星座之中排名第42位（图13-5）。每年6月初的晚间8点和室女座一起升入正南方。其中5.5等以上的恒星有23颗，没有3等以上的亮星，α、β、γ 三颗星为后发座的代表星，连成了一个弯成大约90°的矩尺形。其中最亮的一颗是后发座 α，中文名叫"太微左垣五"，亮度为4.32等，距离地球62光年。

图 13-4 后发座。

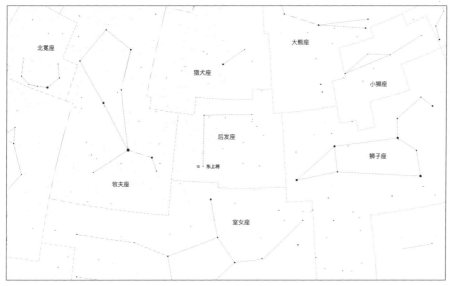

图 13-5 后发座星区图。

　　黑眼睛星系 M64 就在这个星座里，要清楚地看到它，必须使用天文望远镜，因为它的总亮度只有 8.5 等。M64 呈椭圆形，属于旋涡星系，核心区域比较亮，在亮斑下部有一片暗区，整个看起来像是只大眼睛,叫作"黑眼睛星系"（13-6）。

图 13-6 黑眼睛星系图。

北冕座

北冕座（图 13-7）紧紧靠着牧夫座、武仙座和巨蛇座，只要找到了形状像一只大风筝的牧夫座，就不难找到北冕座，其外形像一个皇冠，也很像一只和尚化缘的"钵盂"。它的面积在天球上排名第 73 位，5.5 等以上的星有 22 颗，其中 7 颗比较亮的星

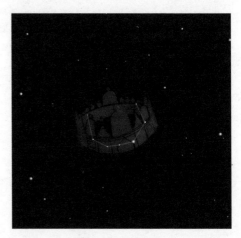

图 13-7 北冕座。

连成了这个"钵盂"。北冕座的第一颗亮星是北冕座 α，中文名叫作"贯索四"。它的视星等为 2.23 等，距离地球 72 光年。"贯索"是我国古代逮捕犯人用的铁链子（图 13-8）。

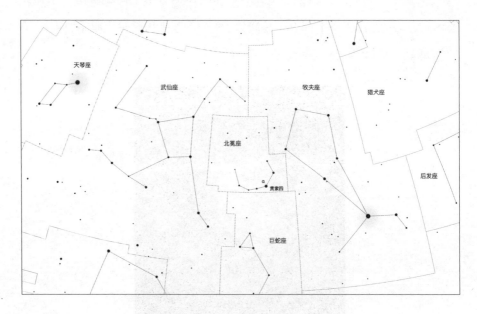

图 13-8 北冕座星区图。

巨蟹座

巨蟹座（图 13-9）是 13 个黄道星座之一，每年的 7 月 21 日至 8 月 9 日太阳在这个星座里运行。每年元旦晚 8 点从东方升出地平线，4 月初晚 8 点走入南方天空，6 月底黄昏之后，从西方落入地平线，在以后半年的时间里看不到它。它跨在双子座和狮子座之间，形状像一只断腿的大螃蟹，占据天空 505.87 平方米，按大小排列在 88 星座中的第 31 位，其中亮于 5.5 等以上的恒星有 23 颗。7 颗星勉强地连成了残缺不全的螃蟹形（图 13-10）。最亮的巨蟹座 β 星也只有 3.52 等，中文名叫"柳宿增十"，是一颗橘红色巨星，距离地球 190 光年。其他的星都在 4 等以下，整个星座显得黯淡，不易辨认，但是一个有趣的形象引起了人们的注意：在四颗星围起的螃蟹盖子中央有一个模模糊糊的云团，我国古代的天文学家认为看上去像一团鬼火，称之为"积尸气"或"鬼星团"，在西方称它为"蜂巢"（图 13-11）。1610 年起，人们开始使用天文望远镜观察，看到它是几十颗恒星组成的星团。这个星团距离地球 520 光年，直径有 13 光年，其中包含着 500 多颗大大小小的恒星，编号为 M44。

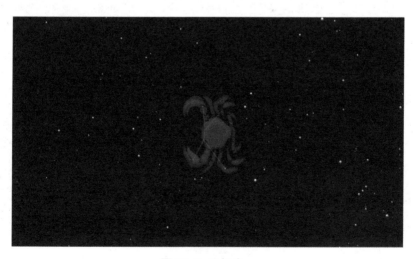

图 13-9 巨蟹座。

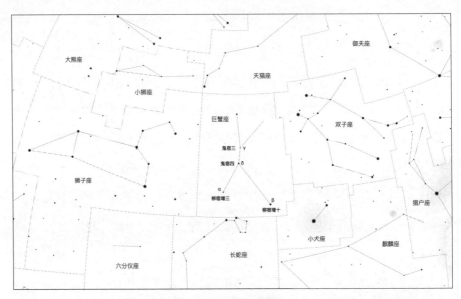

图 13-10　巨蟹座星区图。

图 13-11　鬼星团。

认星比赛

1.出示图 13-12 星区图，每两个同学编成一组，一位同学用手指或其他工具指星座，另一位同学尽快地说出星座的名称。看谁在 1 分钟内认出的星座数量最多。

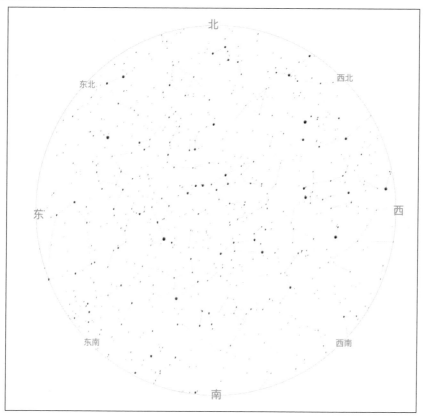

图 13-12 春季星空全图。

2.试着画出星座。

参考图	标准亮星＋连线	临摹	星座创想画
	后发座 太微左垣五		

（待续）

（续）

参考图	标准亮星+连线	临摹	星座创想画
	北冕座 贯索四		
	巨蟹座 γ δ ε M14 鬼星团 α 柳宿增十 β		
星宿一 α 1.99m 110ly 长蛇座			

[1] 参横——猎户座横在西方天空，斗转——北斗七星在转动，狮子怒吼——狮子座从东方上升，银河回家——银河在地平线上，看不到了，双角东守——指大角和角宿一在东方。

[2] 天球：天球是一个假想的球体。星体的远近不一，但是我们看上去它们都处在天球的球面上，我们处在天球的中心。天球能帮助我们确定星体的位置。

拓展阅读

长蛇座和巨蟹座的故事

神话中的英雄赫拉克勒斯立下了 12 件大功，其中第 2 件是斩杀九头蛇，为民除害。许德拉是巨兽杜蓬和人面蛇身的厄喀（kā）德娜所生的怪物，它长着九个蛇头，常常爬到岸上祸害庄稼，咬死人畜。提任斯国王命令赫拉克勒斯杀死这条凶猛的怪蛇。

赫拉克勒斯接到任务后找到了自己的侄子——风神伊俄拉俄斯。两人驾驶着马车，带着弓箭、宝剑和火把直奔沼泽地。他们到了毒蛇盘踞的洞口，跳下车子，朝着里面射出了两箭。九头蛇蹿了出来，九张嘴全部张开，要把他们吞到肚子里。赫拉克勒斯挥舞着宝剑朝着一个个的蛇头砍去。可是每当砍下一个蛇头，在脖颈处立刻就长出两个头来。同时又有一只大螃蟹爬了出来，赫拉克勒斯抬脚把大螃蟹踩死了，扔向天空，成了巨蟹座。

紧接着，赫拉克勒斯每砍下一个蛇头，伊俄拉俄斯立即将火把凑过去，烧焦了伤口，就再也长不出头来了。两人密切配合，一连砍下了全部的蛇头，凶残的九头蛇终于被铲除了。宙斯为了纪念赫拉克勒斯的功绩，把一条大蛇形象放入星空，就是长蛇座。

北冕座的故事

很久以前，克里特王国的公主阿里阿德涅来到一个名为纳克索斯的海岛上。她和那里的酒神狄俄尼索斯结了婚。在婚礼上，酒神送给公主一顶嵌满珍珠的华冠。他们在一起快乐生活了很多年。后来阿里阿德涅去世了，酒神为了永久纪念他的爱妻，就把这顶华冠抛到了天上，成为北冕座。

后发座的故事

这是一个真实的历史故事。两千多年前埃及的王后贝勒妮凯有一头美丽的秀发。有一年，国王带领军队远征，王后担心国王的安危，便忍不住向最美丽的女神维纳斯祈祷，并且许愿："如果您能保佑国王胜利返航，我就把自己的一头美发献给您。"过了不久，从前方传来了胜利的捷报。王后高兴极了，她拿着一把锋利的剪刀，迅速地走到维纳斯的祭坛前，毫不犹豫地剪下了自己的头发放在供桌之上。国王胜利归来，得知王后对他是如此爱恋，非常高兴。过了一年，王后又长出了一头美发，恢复如初。后来，天文学家们划出一片天区，将后发座安置在这里。

选择一个晴朗的晚上，在 8 点前后分别仰望南部和北部天空。在南方选择一个你认识的星座，看好方位，把它画在南方的"半圆图"上。以同样的方法，在北部天空找到北斗七星，画在北方的"半圆图"上。

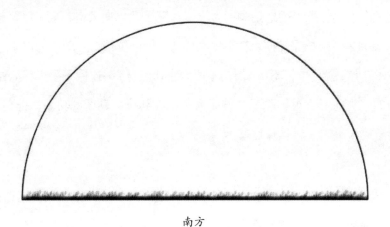

南方

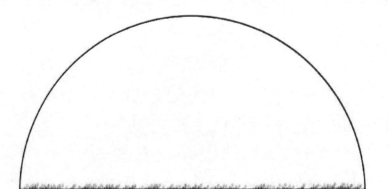

北方

大熊座和小熊座

Cashopeja.

Cepheus.

5000 年前，巴比伦人绘制的星图上就已经有了大熊座和小熊座（图 14-1）。大航海时代，人们越来越关注这个星座里的北斗七星和北极星。直到今天，北斗

图 14-1 大熊座和小熊座。

七星还是夜晚辨认方向的指南针和认识北天星座的向导。

大熊座

大熊座的面积在 88 星座中排第 3 位，其中亮度在 5.5 等以上的恒星有 71 颗，人们把其中最亮的十几颗星星用假想的连线画出了一头威武的大熊。在大熊的臀部和尾巴上有 7 颗亮星，这就是北斗七星（图 14-2）。

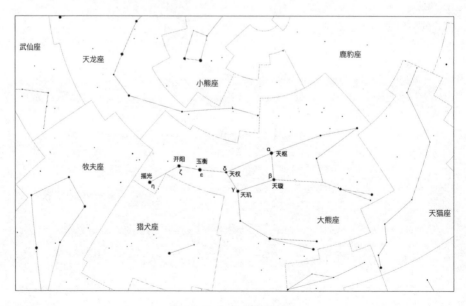

图 14-2 大熊座星区图。

北斗七星中有 6 颗星是 2 等星，另 1 颗是 3 等星。7 颗星连成一个大勺的形状，很容易从满天繁星中把它们辨认出来。特别是在春夏交替时，即使在灯光璀璨的城市中，这柄大勺也很显眼。古代，人们把盛酒的大勺称为"斗"，又因为它处在天空的北部，因此得名"北斗"，这 7 颗星的名称是天枢、天璇、天玑、天权、玉衡、开阳、摇光。在习惯上还把勺部的 4 颗星称为"斗魁"或"斗勺"，把另外 3 颗星叫作"斗柄"。

北斗七星是大熊座的主体，下表中列出了北斗七星的相关信息，你可以比较一下，哪颗星最近？哪颗星最远？哪颗星最亮？哪颗星最暗？

名称	天枢	天璇	天玑	天权	玉衡	开阳	摇光
视亮度	1.79	2.37	2.44	3.31	1.77	2.06	1.86
距离（光年）	124	79	84	58	81	78	101

北斗七星中最近的星是（   ），最远的星是（   ）；最亮的星是（   ），最暗的星是（   ）。

检测视力的辅星

开阳星近旁那颗小星中文名叫"辅星"，视亮度为 3.95 等，被称为"星空中的视力表"，古代阿拉伯人征兵，靠它测试应征者视力是否合格。北斗七星是中国古代星座中天帝巡视四方的马车，天帝出行时，有一"飞人"紧紧跟随，就是这颗"辅星"。如今在山东省武梁祠的石刻壁画中，还有一幅"斗为帝车"图（图 14-3）。

图14-3 斗为帝车。

★ 北斗七星的运转规律 AR

　　北斗七星像北部天空的一座大钟，斗勺的勺口总是朝向中间的北极星，而斗柄相当于大钟的指针，随着时间的推移，"指针"也在不停地转动。如果你选择某一天的夜晚，从天黑开始观看北斗七星，每到整点（8点、9点、10点、11点）观看和记录一次，你会发现每过1个小时，这个"指针"就转动15°角，一昼夜转动一周，叫作"周日视运动"。

　　如果你在不同的季节，在固定观测时间（例如，每晚9点）观测北斗星，还会发现斗柄指向随着日期的推移在变换，古人云："北斗东指，天下皆春；北斗南指，天下皆夏；北斗西指，天下皆秋；北斗北指，天下皆冬。"这样，斗柄一年转一周，叫作"周年视运动"（图14-4）。

图14-4 四季北斗图。

 大熊座里的深空天体

大熊座里有很多深空天体[1]，其中 M81、M82 和 M97 比较有名。

M81 是一个旋涡星系，亮度有 8.4 等，距离我们 1200 万光年。它的直径有 96 000 光年，其大小和恒星的数量都和银河系差不多。M82 是一个活动星系，亮度为 8.4 等，距离有 1400 万光年。1963 年发现在其核心处有大量的气体喷射出来，喷射的速度为每秒 1000 千米，是宇宙飞船速度的 100 倍。天文学家估计，这是在 150 万年前，其核心处发生了一场大爆炸的结果。M97 是一个行星状星云，形状很像一张猫头鹰的脸，你看出来了吗？它距离我们 1300 光年（图 14-5 和图 14-6）。

图 14-5 M81、M82。

图 14-6 M97。

小熊座确实小，排在 88 星座第 56 位，其中 5.5 等以上的亮星仅有 18 颗。7 颗比较亮的星连成了一个相似于北斗星的形状，称为"小北斗"。居住在北半球的人们，一年四季都能看到它（图 14-7）。小熊座尾巴尖儿上那颗星是小熊座 α，中文名"勾陈一"，因为它差不多处在北天极的位置上，

图 14-7 小熊座。

具有定位北极点的功能，故称"北极星"。它距离地球 320 光年，视星等 2.02 等，沿着北斗七星中天璇、天枢两星的连线再延长 5 倍的距离，就是北极星。找到了北极星，就找到了正北方（图 14-8）。

　　请注意，北极星并不是天空中最亮的星！我们必须牢记这一点，才能在野外徒步时不至于弄错。

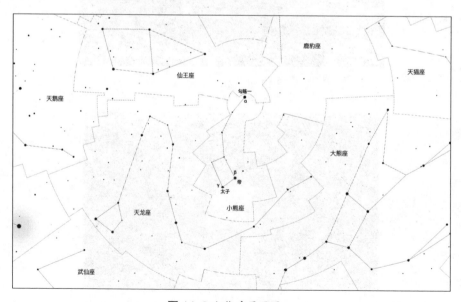

图 14-8 小熊座星区图。

试着画出大熊座和小熊座。

参考图	标准亮星＋连线
	大熊座 天玑 玉衡 天权 天璇 天枢 开阳 瑶光
	小熊座 北极星
临摹	**星座创想画**

对下列问题展开讨论：

下面 4 幅图（图 14-9）显示了春、夏、秋、冬四个季节中某天夜晚同一时刻的星空，请在图中找到北斗七星，连上线，分别写出七颗星的中文名称，并想一想：北斗七星每昼夜转一圈，同时在一年中也转了一圈，这两种运动的原因是什么？

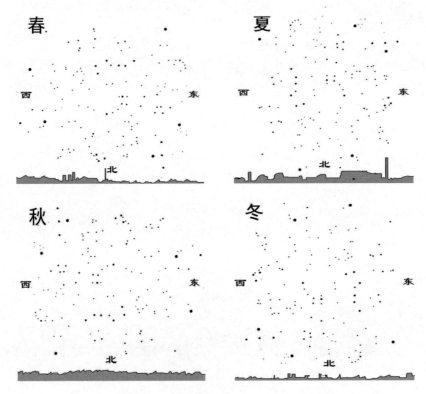

图 14-9　不同季节夜晚同一时刻的星空

名词解释

[1] 深空天体：一般指的是星云、星团和星系，因为它们大多数比恒星遥远得多，我们称它们为"深空天体"。

拓展阅读

大熊和小熊的故事

宙斯的妻子赫拉嫉恨民间美女卡利斯托的美貌，便施魔法将她变成一只大熊，从此卡里斯托的儿子阿卡斯无法与母亲生活在一起，被好心的猎人收养养大。十五年后，这个孩子长成了一位勇敢的猎人。有一天他外出打猎，迎面走来一只大熊，这正是他的母亲。母亲看到了自己的儿子，流

出了激动的眼泪，伸出两只前爪，想要拥抱阿卡斯。可是，儿子并不知道
这是自己的母亲，还举起了长矛向大熊刺去，惨剧就要发生了。正在这千
钧一发的时刻，宙斯出现了，他厉声喊道："住手！这是你的妈妈呀！"
接着向阿卡斯解释了一切。阿卡斯听后伤心地哭了。宙斯说："你要和母
亲在一起，就得变成一只小熊，你愿意吗？"阿卡斯说："我愿意！"于
是宙斯就念动咒语，把他变成了一只小熊，母子相认了。宙斯可怜他们，
就用双手托起他们升入了天空，成为大熊座和小熊座（图 14-10）。

图 14-10　大熊和小熊的故事。

课后实践

选择晴朗无月的晚间，寻找北斗七星和北极星，观察北斗七星的大小
和北极星亮度特点，并做好观测记录。

时间：_____　　地点：_____

①北斗七星比你想象中更：A. 大（　　）B. 小（　　）

②北极星比你想象中更：A. 亮（　　）B. 暗（　　）

第 15 课

狮子座

　　每到春季的晚间，狮子座就会从东方升起，人们称之为"东方狮吼"。狮子座的形象威武雄壮，阵容严整，具有亮星，容易辨认，从远古时代就引起了人们的遐想。从出土文物、狮身人面像以及金字塔雕刻的铭文推断，古埃及时代人们可能就已经假想出了狮子座的形象，但直到公元2世纪，著名的天文学家托勒密才把它命名为"狮子座"（图15-1）。

图15-1 狮子座。

　　狮子座属于黄道13个星座之一，是个面积比较大的星座，位居全天88星座第12位，它周围的星座有巨蟹座、小狮座、大熊座、后发座、室女座、巨爵座、六分仪座和长蛇座。每年2月15日晚8点升出东方地平线，5月1日晚8点自上中天[1]升到正南方，直到8月1日晚8点从西方下沉，有着大半年的时间可以在前半夜看到它。要找到它也很容易，首先找到北斗星，辨认出勺口上天枢、天璇两颗星，从这两颗星延长5倍远的距离，就可以找到北极星；也可以向相反的方向延长7倍远的距离找到狮子座（图15-2）。

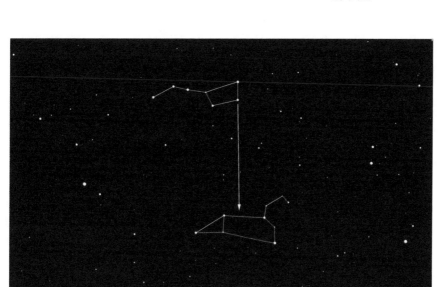

图 15-2 利用北斗星找到狮子座。

在狮子座星区里，5.5 等以上的恒星有 52 颗。其中 1 等星 1 颗，2 等星 2 颗，3 等星 4 颗，其中西边的 6 颗星连成了一个反问号的形状，东面的 3 颗星连成了一个三角板的形状，把这两部分连接起来，就成了一只张开大嘴卧在空中的大雄狮（图 15-3）。**AR**

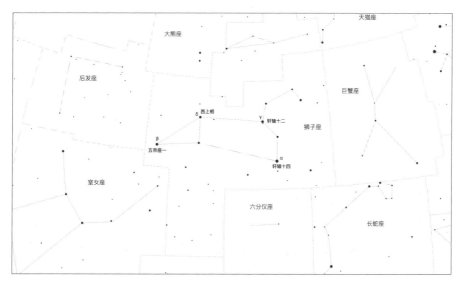

图 15-3 狮子座星区图。

狮子座主要亮星

主要亮星	中文名称	视星等	距离（万光年）	特点
狮子座 α	轩辕十四	1.35	84	与天蝎座 α（心宿二）、金牛座 α（毕宿五）、南鱼座 α（北落师门）并称"四大天王"，是全天 21 亮星中唯一位于黄道上的一颗
狮子座 β	五帝座一	2.14	43	与牧夫座 α（大角）、室女座 α（角宿一）构成春季大三角
狮子座 γ	轩辕十二	2.28		双星，意思为狮子的鬃毛
狮子座 δ	西上相	2.56	55	

 狮子座里的大明星——轩辕十四

　　狮子座 α 位于狮子头部的最下方，中文名称为"轩辕十四"。"轩辕"是我国上古时代黄帝的名字，17 颗轩辕星连起来的形状好像一条黄龙蜿蜒于天际之上。在西方也把这颗星看作是"王者之星"。古巴比伦人称其为"国王"，波斯人称之"中心者"，印度人称之"伟大者"。其实，在全天的 21 颗明星当中论亮度，它排列在最末尾，那为什么还叫"伟大者"呢？原因是它在亮星当中距离黄道最近，太阳、月亮和行星在运行中，常常从它身旁经过，好像在向它"朝贡"，于是它成了"王者"。

轩辕十四发散着蓝色的光芒，发光量是太阳的 24 倍，体积是太阳的 47 倍，质量是太阳的 4.5 倍，我们看到它只是一颗小星，只是因为它距离我们 84 光年。在轩辕十四的旁边，还有一颗小的伴星，这颗伴星距离主星有 4200 天文单位，13 万年围着主星转一周。我们把这样互相绕转的两颗恒星叫作"双星"。在宇宙中，双星占恒星总数的半以上。

在春夏之交的日子里，如果你经常在晚间 8 点定时观看狮子座，就会发现它在天空中从东向西运行着，当它出现在东方的地平线时，头部向上，尾巴朝下，随着时日的推移，它会渐渐升高，也渐渐进入观测的时节。

 狮子座流星雨

狮子座流星雨因辐射点位于狮子座头部而得名，是一个非常著名的流星雨，其如雷贯耳的声誉原因之一是它每年都会如期而至，而每隔 33 年会出现 1 次流星暴。1998 —2001 年的狮子座流星暴让几千万守候的天文爱好者、观测者叹为观止，很多人都看到了几千颗流星。历史记载的 1883 年狮子座流星暴更是令人神往，据估算那夜出现的流星可达二三十万颗，每一秒都会有几十颗流星同时出现。

狮子座流星雨的母体是一颗名为坦普尔 – 塔特尔的彗星，地球每年穿过这颗彗星的轨道时，与轨道上彗星抛洒的颗粒物相碰，颗粒与大气层摩擦便产生了流星雨。而每 33 年回归 1 次的坦普尔 – 塔特尔彗星会带来更为丰富的颗粒物质，也就带来一次流星暴。

试着画出狮子座。

参考图	标准亮星+连线	临摹	星座创想画

名词解释

[1] 上中天：天体在周日视运动中经过正南或正北的位置时称为"中天"，在离天顶较近的位置上称为"上中天"，反之，在离天顶较远的位置称为"下中天"（图15-4）。AR

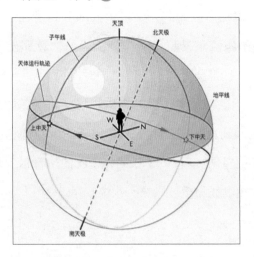

图 15-4 上中天、下中天示意图。

狮子座的故事（图15-5）

相传，赫拉克勒斯必须立下 12 件大功，才能进入神仙的行列，第一件任务就是要战胜一头大雄狮。钢筋铁骨的涅墨亚巨狮非常残暴，令人不寒而栗。神仙们知道了这件事，都热情地为赫拉克勒斯提供帮助：神使赫尔墨斯赠给他一把锋利的宝剑，太阳神阿波罗赠给他威武的神弓和利箭，工匠之神赠给他金黄色的箭袋，智慧女神赠给他青铜的盾牌，酒神赠给他一支大棒。全副武装的赫拉克勒斯满怀信心地走入了大森林。

天色已近黄昏，他走着走着，忽然看到一只威武的大雄狮向他走来，嘴里发出"嗷嗷"的吼叫声，震得树叶纷纷飘落。赫拉克勒斯毫不畏惧，立刻拉圆了弓，射出一箭，只听到'咣'的一声，箭被弹了回来。他又接连射出了第二箭、第三箭，可是只听见反弹的声响，连狮子的皮都没有伤着。他又赶忙举起宝剑向狮子刺去，可是利剑不但扎不进狮子的皮，反而扭弯了。最后他又高举起大棒朝着狮子打去，大棒折成两截，狮子却毫发无损。狮子看到赫拉克勒斯连续三招都失败了，兽性大发，它先是后退，然后猛地向前一扑，打算把赫拉克勒斯压在身下，再把他吃掉。赫拉克勒斯毫不畏惧，来了一个就地打滚，摆脱了狮子的攻击。狮子用力过猛，反而扑空了，头部扎进了一潭泥水里。赫拉克利特就势一跳，骑到狮子的背上，用两只铁钳一般的大手，狠狠地掐住狮子的脖子，原来狮子的皮全是钢铁，只有颈部是柔软的。

图 15-5 狮子座的故事。

赫拉克勒斯抓住狮子的"软肋",使尽全身的力气狠狠地掐住不放,狮子喘不过气来,先是"嗷嗷"地吼叫,后来声音渐渐地小了,最后没有声息了,倒在地上死了。赫拉克勒斯砍下了狮子的利爪,用狮子的爪子剥下了狮子皮,然后带着狮皮到宙斯那里去交差。宙斯对他立下的第一件大功非常赞赏,为了留作纪念,他把狮子的形象升入天空,就是我们现在看到的狮子座。

课后实践

在星空中找到狮子座,并把它画在下面的半圆图中(图15-6),记下观测时间。

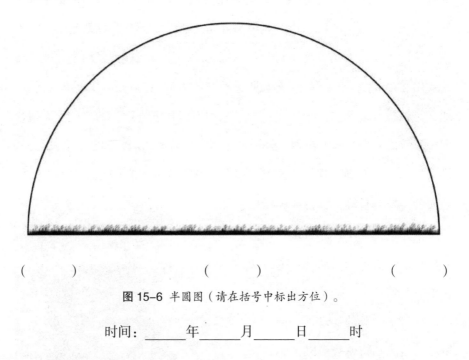

(   )   (   )   (   )

图15-6 半圆图(请在括号中标出方位)。

时间:_____年_____月_____日_____时

第 16 课

室女座

室女座（图16-1）是一个古老的黄道星座，在古希腊神话中，她是手持麦穗的农业女神。我国唐朝的柳宗元所著《饶娥碑》中说："娥为室女"，意思是说"美丽的姑娘是室女"，因此中文名为"室女座"。

图 16-1 室女座。

室女座也是黄道十三星座之一，位于狮子座和天秤座之间，相邻星座还有巨蛇座、长蛇座、乌鸦座、巨爵座、后发座和牧夫座（图16-2）。

室女座是星空中的第二大星座（图16-3），5.5 等以上的亮星有 58 颗，10 颗比较亮的星连成了一个歪歪扭扭的大"土"字，但是要在星空之中找到这个"土"字还不是那么容易，因为在这个星座里只有一颗 1 等星，没有 2 等星，其余都是 3、4 等小星，需要到郊区黑暗的环境中去寻找。

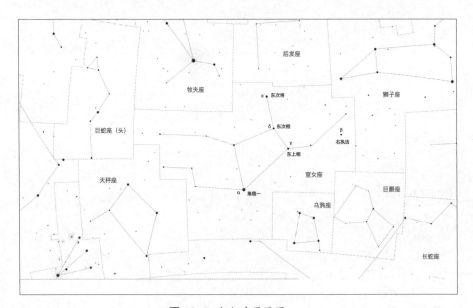

图 16-2 室女座星区图。

 室女座主要亮星

主要亮星	中文名称	视星等	距离（万光年）	特点
室女座 α	角宿一	0.98	270	与牧夫座 α（大角）、狮子座 β（五帝座一）构成春季大三角
室女座 γ	东上相	3.49	39	目视双星[1]，公转周期为 171 年
室女座 ε	东次将	2.83	76	
室女座 δ	东次相	3.39	202	红巨星
室女座 β	右执法	3.59	36	虽然是 β 星，但亮度在室女座中仅排第 5，位于黄道上

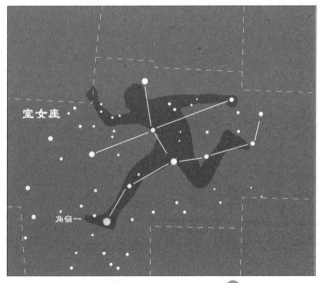

图 16-3 室女座星区图。AR

室女座的图形也很像一个张开双臂大步奔跑着的人，前脚尖儿上有一颗亮星，它就是"室女座 α"，中文名为"角宿一"，意思是"苍龙上的一只角"。角宿一的视星等为 0.98，距离我们 270 光年，散发着蔚蓝色的光芒，体积是太阳的 493 倍，发光量是太阳的 17 800 倍。在它的近旁还有一颗伴星环绕，体积是太阳的 140 倍，也散发着蓝色的光。

室女座 ε 是这个星座的第二亮星，中文名叫"东次将"，亮度为 2.83 等，距离我们 76 光年，发光量是太阳的 69 倍。

宇宙中存在着大量星系团[2]，距离我们最近的是"室女座星系团"，位于室女座 ε、δ、γ 三颗星以西，其实际距离有五六千万光年，包含着 2500 多个形形色色的星系[3]，这些星系纷纷扬扬、潇潇洒洒地分布在室女座的东北角上，占据了一大片星空，但它们因为离得远显得都很黯淡，必须借助天文望远镜才能看到（图 16-4）。

 室女座里的深空天体

图 16-4 室女座星系团中心。

室女座星系名片（图 16-5）

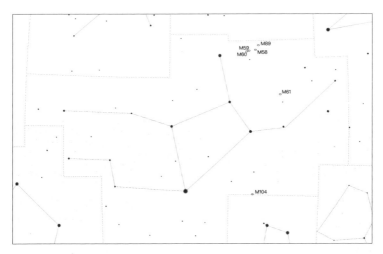

图 16-5 M104、M58、M59、M60、M61、M89 在室女座中的位置标记。

　　M104（图 16-6）位于室女座与乌鸦座交界处，把望远镜从角宿一向西移动 11° 就能看到它，其形状如一顶墨西哥大草帽，也叫"草帽星系"。在彩色的帽檐中，放射着蓝白色光芒。它距离我们 4600 万光年，总的亮度有 8.7 等，使用小型天文望远镜就可以看到。

图 16-6 M104 特写。

　　M58（图 16-7），从室女座 ε 向西移动 5° 左右，就会看到一个红色圆圈环绕着蓝色彩云的棒旋星系，从星系中心伸出的一个笔直的棒状形体，在棒体的两端"甩"出了两条弧形的"旋臂"[4]，在星系的中心还两颗超新星，它们分别发出的白色光芒照亮了整个星系。这个美丽的星系距离我们 6800 万光年，亮度 10.5 等。

图 16-7　M58 特写。

　　M59（图 16-8）距离 M58 不远，不同的是它是椭圆星系，很像一个立起来的鸡蛋，在蛋壳周围还有一个彩色圆环。在圆环的外围环绕着千千万万颗恒星，像是蒸腾的白色雾气。它距离我们 6000 万光年，亮度 10.6 等。

图 16-8 M59 特写。

M60（图 16-9）也是椭圆星系，亮度 9.8 等，距离 5500 万光年。看上去身体胖乎乎的，其中心也存在着一颗超新星，泛出的白色光芒照亮了整个星系。

图 16-9 M60 特写。

M61（图 16-10）是旋涡星系，它的形状与银河系非常相似，中心有棒状结构，在棒体的两端"甩"出了环状的旋臂。在星系的边缘，恒星稀疏，就好像城市的郊区，人烟稀少。总体的亮度为 8.8 等，距离我们 6000 万光年。

图 16-10 M61 特写。

M89（图 16-11），是椭圆星系，亮度为 9.8 等，距离我们 6000 万光年。它的外形接近理想的圆形，相对于其他细长的椭圆星系，显得有些不同寻常，然而，这可能是一种"假象"，因为这个星系的正面正好朝向我们，实际上它的形状是扁圆的。这正如一个盛菜的盘子，当以盘子的侧面朝着眼睛时，盘子是扁的；当以盘子的上面或底面朝着眼睛时，盘子是正圆形的。

图 16-11 M89 特写。

室女座是春季星空中非常醒目的星座，每年 3 月 15 日晚 9 点，它从东南方地平线升起，5 月 15 日晚 9 点运行到了正南方，7 月 15 日晚 9 点就接近了西南方的地平线。

选择一个晴朗无月的夜晚，在漆黑的环境，把天文望远镜指向室女座星系团，还能捕获一个个椭圆形、旋涡状或者不规则的星系。

试着画出室女座。

参考图	标准亮星 + 连线	临摹	星座创想画

根据课文内容，填写室女座的6个M天体表。

	M104	M58	M59	M60	M61	M89
视亮度						
距离（光年）						

距离我们最远的M天体是哪个？看一看它和我们的距离是角宿一的多少倍？

室女座的故事

室女座是古希腊神话中主管农业丰收的女神——德墨忒尔（图16-12），她有一个天真可爱的女儿，不幸的是她的女儿被冥王哈德斯掠去娶为王后。德墨忒尔伤心欲绝，隐居山洞，从此大地草木枯黄，遍地荒凉，毫无生机。于是，宙斯与冥王说情，让她们母女每年团聚3个月，在这3个月中德墨忒尔停下工作，专心与女儿团聚享受欢乐，人间进入"休眠"般的冬季，其他

图16-12 德墨忒尔。

3个季节德墨忒尔视察春播、夏长、秋收，不亦乐乎，人间也一片欣欣向荣。

 名词解释

[1] 目视双星：望远镜能分辨出两子星的双星为目视双星。

[2] 星系团：是由星系组成的自引力束缚体系，通常包含数百到数千个星系。

[3] 星系：是由千亿颗恒星组成的巨大恒星系统，不仅包括恒星，而且有星云、星团、球状星团和星际物质。

[4] 旋臂：指旋涡星系内年轻亮星、亮星云和其他天体分布成旋涡状，从里向外旋卷的形态。

课后实践

5月中旬，选择一个晴天，天黑后观察星空，把你看到的星星画在图中，注意方向要求（图16-13）。

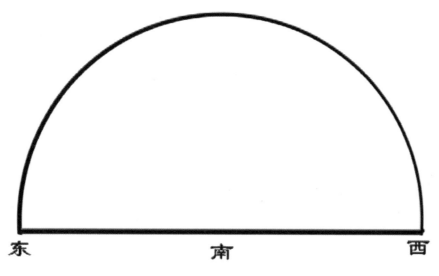

图 16-13 南天图。

第 17 课

牧夫座

春季和夏季的夜晚，在北天附近有一位威武雄壮的放牧人，他举着大棒英气冲天，与雄狮和室女遥遥相望，这就是著名的牧夫座（图17-1）。

牧夫座也是一个古老的星座，意思是"放牛的

图 17-1 牧夫座形象。

人"。早在3000多年前的《荷马史诗》《奥德赛》中，就已经有了"牧夫座"的名称，它是托勒密划分的48个星座之一。

牧夫座是北天的一个大星座，其大小在88个星座之中排第13位。其中亮度在5.5等以上的恒星有53颗，其中8颗星连成了"一线牵"风筝的形象。牧夫座与大熊座、室女座、北冕座、后发座、猎犬座、天龙座、武仙座、巨蛇座相邻（图17-2）。

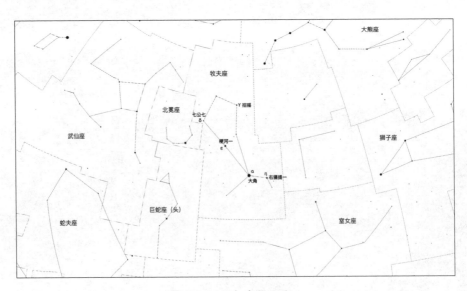

图 17-2 牧夫座星区图。

牧夫座主要亮星

主要亮星	中文名称	视星等	距离（万光年）	特点
牧夫座 α	大角	-0.04	35	是全天第 4 亮恒星，据记载曾在 1635 年见于白天。与室女座 α（角宿一）、狮子座 β（五帝座一）构成春季大三角
牧夫座 ε	梗河一			是一颗三合星（望远镜中是 3 颗星）
牧夫座 η	右摄提一	2.68	32	
牧夫座 γ	招摇	3.03~3.07		变星
牧夫座 δ	七公七	3.47	110	
牧夫座 β	七公增五	3.5	88	

认识大角星

在"大风筝"风筝线的底部，有一颗亮星，就是牧夫座 α 星，中文名称为"大角"，它的视星等为 -0.04 等，是全天第 4 亮（前三颗是天狼、老人、南门二），散发着橘红色的光芒，北斗七星的斗柄三星——玉衡、开阳、摇光的弧形延长线正好指向它，因此在星空里很容易找到大角星。大角星如此明亮的原因，一是因为距离我们比较近，只有 35 光年，二是因为它是一颗年老的恒星，正在急剧膨胀，体积是太阳的 1 万倍，发光度是太阳的 98 倍（图 17-3）。

图 17-3 太阳和大角星体积对比示意图。

⭐ 恒星的自行

大角星还有一个特点，就是它在空中的运动速度很快，每秒钟在空中飞行 118 千米，如果乘坐这么快的高速列车，从天津到北京只需要 1 秒多钟。1676 年，英国天文学家哈雷（图 17-4）在南半球测定了 341 颗恒星的位置，他把自己的观测结果与古希腊天文学家希帕库斯[1]在公元前 130 年所测定的恒星的位置做了比较，发现大角星在这 1800 年间有了较大的移动。紧接着他又同样观察到天狼星、毕宿五、参宿四的位置与希帕库斯星表上的位置相比也有了变化，果断地提出了"恒星不恒"的原理，但因为距离遥远，一年中能看出它们的移动微乎其微，这种在一年中看到恒星在天球上的位置变化称为"自行"（图 17-5）。

我们的太阳也是一颗恒星，它也有自行，带着我们一起朝着武仙座的方向运动，每秒钟前进 10 千米。

图 17-4　哈雷像。

运动的北斗七星

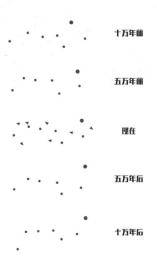

十万年前

五万年前

现在

五万年后

十万年后

图 17-5　恒星的自行。AR

143

最美的双星

在牧夫座里还有一颗比较明亮的双星，它就是牧夫座 ε 星，中文名为"梗河三"。使用小型的天文望远镜可以看到一篮一黄的两颗星星（图17-6）。黄色星为主星，视亮度为 2.5 等，蓝色星为伴星，视亮度为 4.9 等，两星之间的距离为 2.8 光年，由于相距很近，裸眼经常会把它看成一颗星，复合星等为 2.4 等，距离我们 209 光年。天文学家斯特鲁维称它们是"最美丽的双星"。

图 17-6 望远镜中的双星。

牧夫座是著名的春季星座，每年 3 月末的晚间 8 点从东偏北的方向升起，7 月中旬晚间 9 点 高挂于南天，10 月中旬晚间 8 点 在西北方落下。想要在星空中捕捉这只"大风筝"并不难，在黑暗的环境中，首先找到北斗七星，利用开阳、摇光两星的连线延长一倍的距离，就可以找到这只"大风筝"。

1.试着画出牧夫座。

参考图	标准亮星＋连线	临摹	星座创想画
	牧夫座　大角		

2.在下方的星图（图17-7）上画出狮子座、室女座、牧夫座、北冕座、大熊座、小熊座、长蛇座、后发座、巨蟹座和春季大三角，并标上星座名称。

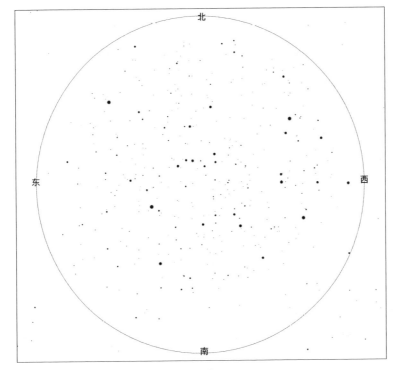

北

东　　　　　　　西

南

图 17-7　春季星空图。

牧夫座的故事

　　牧夫座的神话故事，来源于很久以前天地之间的一场大决战。神仙们分为两派：宙斯为首的神仙族，住在奥林匹斯山上享受富足的生活；阿特拉斯为首的巨人族，住在山下做苦力。巨人族为了改变这个状况，发动了一场战争，可是被神仙族打败了。

　　宙斯为了惩罚阿特拉斯，就罚他永远用肩膀扛着天。从那以后，沉重的天空压得阿特拉斯站在地上一动也不能动。天长日久，他那僵硬的双脚上长满了青苔，双腿上长满了爬山虎，手指缝里都长出了大树，腰间总是缭绕着五色的云彩。这可是一件非常痛苦的差事呀！过了一年又一年，阿特拉斯实在忍耐不住了。

　　就在这时，大英雄赫拉克勒斯出世了，他要立下12件大功。第11件大功就是要偷金苹果树上的"金苹果"。金苹果树是地母盖亚送给宙斯与赫拉的结婚礼物，宙斯派了夜神的女儿和白头巨龙看守着，赫拉克勒斯无法下手，于是向扛天巨人阿特拉斯请教。阿特拉斯爽快地说："我知道金苹果树在哪里，也知道偷取金苹果的方法，把这件任务交给我吧！不过，需要你替我扛一会儿青天。"赫拉克勒斯同意了这样的安排，便把天空转移到了自己的双肩上。阿特拉斯来到了金苹果树下，用魔药将夜神女儿和毒蛇昏迷了，顺利地摘取了3个金苹果，回到了赫拉克勒斯面前，对他说："哈哈！你继续扛着青天吧，由我替你去交差。"赫拉克利特假装同意地说："好吧，不过请你先替我扛一下，让我肩上垫点东西。"阿特拉斯觉得这是一个合理的要求，便放下了金苹果，重新扛起了青天。赫拉克利特立即拿起了金苹果，对阿特拉斯说了声"再见"就急忙走掉了，不管阿特拉斯

图 17-8　赫拉克勒斯与阿特拉斯。

怎么喊叫，他也不回头（图 17-8）。

阿特拉斯失望了，无可奈何地继续扛着青天，无休无止地受着罪。有一天，他看到另一位英雄帕修斯，砍下妖女美杜莎的头颅装在皮囊里从他身旁经过，他请求帕修斯拿出头颅给他看一看。这样一看，阿特拉斯立刻变成了一座石头山。宙斯感到歉疚，念动咒语使他复活，还把他提升到天界，成为牧夫座。

阿特拉斯成为牧夫座以后，宙斯的妻子赫拉又交给了他一个永久性的任务。赫拉对他说："现在我命令你，从此以后，你要牵着猎犬座，不停地追赶大熊和小熊，要让他们永远不能停下来休息。"这道命令也被执行了，直到今天我们还可以看到在大熊座、小熊座的身后紧紧跟着的是猎犬座和牧夫座，它们永远追赶着小熊和大熊，围绕着北极星转圈。所以民间一直流传这样的歌谣："牧夫座，不懒惰，牵着猎狗天空过，追赶大熊和小熊，一年四季都推磨"（图 17-9）。

图 17-9 牵着猎犬座的牧夫座。

名词解释

[1]希帕库斯：生于公元前约 190 年，死于公元前 125 年，古希腊最伟大的天文学家，他编制出 1022 颗恒星的位置一览表，被称为"希帕库斯星表"，是他首次以"星等"来区分星星，也是他发现了岁差现象。因此，他被誉为"天文学之父"。

课后实践

1. 选择 4 月中旬和 5 月中旬的晚间 9 时，分两次观察春季大三角及其周围的星，画在下方半圆图上，比较星象的变化，注意方向的要求。

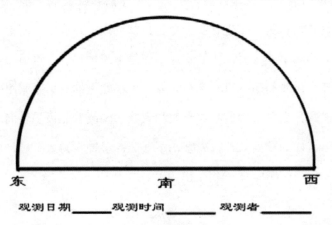

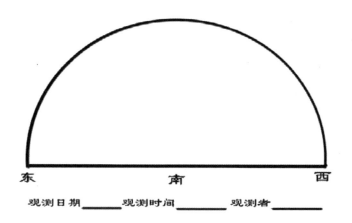

观测日期 _____ 观测时间 _____ 观测者 _____

2. 请你自己依照文中内容填写"春季三大明星"的星表。

星名	视星等	体积 (☀ = 1)	发光量 (☀ = 1)	距离（光年）	颜色

注：表内的☀指"太阳"。

第 18 课

热闹非凡的夏季星空

从本单元开始，我们将进入夏季星空的学习，下面的星图（图 18-1）里有很多的夏季星座和亮星，你能找出来并进行标注吗？相信学完本单元的内容，你的星图将变得热闹起来，有趣的星座，动人的故事，等着你去探索。和你的小伙伴一起来认识这个星图吧！AR

图 18-1 夏季星空图。

"斗柄南指，天下皆夏"，当北斗七星中的玉衡、开阳、摇光三颗星所组成的斗柄指向南方时，夏季就到来了。每年的七八月份，正是我们北半球最热的季节，也是我们放暑假的时候，如果你和家人一起到草原、高山等地旅游的话，夜晚可以看到一条银白色的光带从天顶横贯天空，这就

是美丽的银河。以银河为中心的夏季星空，那一番热闹的场面，一定会让你叹为观止（图 18-2）。

图 18-2 夏季星空与银河拱桥。

夏季大三角

人们用假想的线把银河两岸的织女星、牛郎星和银河之中的天津四连起来，就构成了夏夜星空最显著的标志——"夏季大三角"（图 18-3）。在一个晴朗的日子，前半夜面向东南方，一眼就能看到这三颗大明星，直到深秋还能在西边天空看到。这个三角形是一个近似的直角三角形，织女星位于直角顶点，牛郎星处于三角形较长直角边，另一个则是天津四。

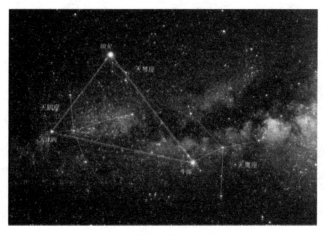

图 18-3 夏季大三角和所在星座。

黄道三星座

找到夏季大三角，再去寻找其他夏季星座就容易得多，我们可以从织女星出发，沿银河西岸一路向南，可以找到天蝎座的心宿二；从牛郎星出发，沿银河东岸向西南方向找去，可以看到人马座的南斗六星。沿着织女星、牛郎星向东南方向看，我们会看到一颗 2 等星和织女星、牛郎星构成一个等边三角形，这颗星称为"候"。如果沿着这颗星向南方看，我们可以看到一个由 2 等星、3 等星构成的不怎么规则的六边形，这就是这颗星所属的星座——蛇夫座的轮廓（图 18-4）。

图 18-4 夏季南天星座图。

天蝎座、人马座和蛇夫座，都属于黄道星座。天蝎座是其中最亮的一个，位于蛇夫座的南方，也是黄道星座中太阳经过时间最短的一个。现代天文学在给星座划界的时候，把黄道的一部分划给了蛇夫座，所以蛇夫座是黄道上的第 13 个星座，值得一提的是，虽然蛇夫座是新晋的黄道星座，但是太阳在蛇夫座界内的逗留时间比在旁边的天蝎座要长得多。

在天蝎座的东方，有一个"茶壶星座"——人马座，它的星座面积虽大，却没有突出的亮星，其主体由十几颗 2~4 等的星构成。这其中又有 6 颗星正好形成北斗七星般的勺子形状，因此在我国被称为"南斗六星"，人马座是银河中心所在星座。

在夏季的银河两岸，还有四个有趣的小星座。

海豚座

海豚座（图 18-5）在夏季大三角的东向，是北天星座之一，依傍银河，没有亮星，但从牛郎星向东北方向看，可以找到由 α、β、γ、δ 四颗主星排列成的一个菱形结构，所以在没有灯光影响的地方很容易辨认出来。这个小菱形就是海豚的头。海豚头部这个小菱形很像放在织女星前的梭子，所以在中国民间传说里，它是织女留给牛郎的小梭子。这个"小梭子"，中国对其正式官名为"瓠（hù）瓜"。

图 18-5 海豚座。

天箭座

天箭座（图 18-6）位于夏季大三角内部，属于北天小星座，位于天鹅座之南、天鹰座以北的银河之中，与狐狸座相邻。天箭座里面也没有亮星，所以很难识别，由四颗 4 等星构成了一支短短的箭，箭身与天鹰座的牛郎三星（也叫"扁担星"）方向正好垂直。

图 18-6 天箭座。

狐狸座

狐狸座（图 18-7）是一个位于北天球的星座，位于天鹅座以南，天箭座与海豚座以北，最亮星为狐狸座 α。狐狸座中有著名的 M27 行星星云，距离我们 1360 光年，视星等为 7.5 等。M27 星云形状像两个圆锥顶对顶对接起来的哑铃，因此也被称为"哑铃星云"，在夜空中较为容易观测。

18-7　狐狸座。

盾牌座

盾牌座（图 18-8）位于人马座、巨蛇座和天鹰座之间的银河中，银河从它的中间穿过。盾牌座里有一个疏散星团 M11。这是一个又大又密集的疏散星团，距离我们 5500 光年，虽然比较远，但视星等达到 6.3，视力好的人肉眼就能看到。它包含了 500 颗 14 等以上的恒星，小星星不计其数，从望远镜里看，中心密集得近似球状星团，直径 18 光年。1681年，德国天文学家基西发现的时候，看到它很像一只奔跑的野鸭子，从此称它为"野鸭星团"。

图 18-8　盾牌座。

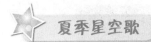 夏季星空歌

夏季天鹅挂琴鹰，

天津牛女是明星，

灿烂银河贯南北，

天蝎人马在南空。

夏夜银河

夏季星空中，最美丽的就是横贯南北的银河（图18-9）。因为夏季时，地球上的观测者看到的是银河系银盘方向，正是恒星最为密集的区域，因此银河最稠密、最显著，犹如一条白练高挂夜空。天鹰、天琴隔河相对，天鹅、人马、天蝎河中徜徉。

图18-9 夏夜银河摄影作品。

在本课开始时的"夏季星空图"（图18-1）中：

1. 找出夏季夜空的大三角并连线。

2. 找出黄道三星座和四个小星座并圈出来。

课后实践

1. 晴朗的夜晚，和家长一起外出，观察天上的亮星，调查在你的居住地可以看到几颗亮星，并将它们的位置记录下来。

2. 尝试着以夏季大三角为基础，看看你能找到哪些星座和亮星？

第 19 课

天琴座与天鹰座

夏天夜晚仰望天空，一条银河贯穿南北。在银河两边，我们可以很容易地看到两颗明亮的白色恒星，它们就是著名的织女星与牛郎星，而它们各自所在的星座就是天琴座与天鹰座。

天琴座

在织女星左右的前方各有一颗星相伴，与织女星组成一个小小的三角形。在织女星的左下方有四颗星，构成一个小小的菱形，在中国的神话中是织女用来织布的梭子，在西方的神话中是一把七弦琴。这两个部分构成了我们能观测到的天琴座（图19-1）。论面积它在88星座中排名第52位。里面有两个梅西耶天体，M56和M57。M56是亮度9.1等的球状星团。M57是一个行星状星云，亮度9.3等，位于天琴座最下面的两颗星星中间。用望远镜观察，它呈环状结构，因此也称作"环状星云"或者"烟圈星云"（图19-2）。

图 19-1 天琴座。

天琴座主要亮星

主要亮星	中文名称	视星等	距离（万光年）	特点
天琴座 α	织女一	0	26	全天第 5 亮星，北天第 2 亮星，仅次于大角。它与天鹅座 α（天津四）、天鹰座 α（河鼓二）组成夏季大三角
天琴座 β	渐台二	3.2~4.3	962	著名变星
天琴座 γ	渐台三	3.2	620	

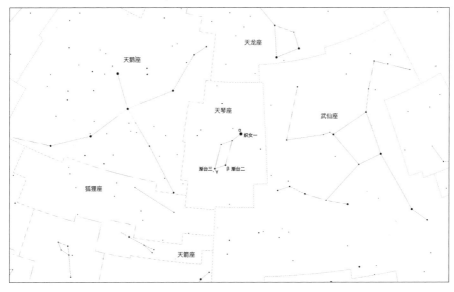

图 19-2 天琴座星区图。

　天鹰座

天鹰座（图19-3）是由9颗星排列的图形，就像一颗雄鹰在天空中飞翔，在牛郎星两侧各有一颗较暗的星，分别是3等星河鼓一和2等星河鼓三，三者几乎成一条直线，就像一个扁担，也就是我国传说中牛郎挑着的一对儿女，非常好辨认。天鹰座这三颗星像乐鼓，所以又名为"河鼓三星"（图19-4）。

图 19-3　天鹰座。

　天鹰座主要亮星

主要亮星	中文名称	视星等	距离（光年）	特点
天鹰座 α	河鼓二	0.8	16.7	即牛郎星，河鼓二为其中文正式名称，与天琴座 α（织女）、天鹅座 α（天津四）组成夏季大三角
天鹰座 β	河鼓一	3.7	44.6	扁担星之一
天鹰座 γ	河鼓三	2.7	395	扁担星之一
天鹰座 ζ	天市左垣六	2.95	83	

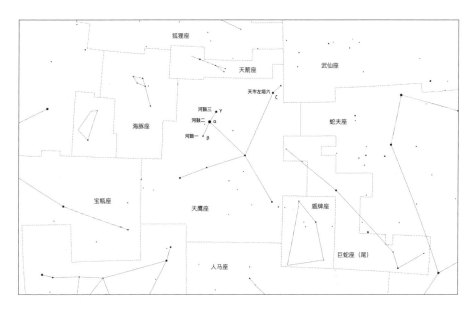

图 19-4 天鹰座星区图。

⭐ 织女星与牛郎星

　　织女星又名织女一，是天琴座 α 星，位于北天的天琴座，是全天第五亮星，散发出青白色光芒，距地球约 25.3 光年。当大角星落下之后，亮度为 0 等的织女星，就是当之无愧的"夏夜之王"，其亮度是太阳的 64 倍，质量大约是太阳的两倍。在晴朗的夏夜里，每天都会经过我们天津市的天顶，抬头就可以看见它。在天文研究的历史上，织女星有着重要的地位：它是太阳之外第一颗被人类拍下来的恒星；更重要的是由于岁差[1]的原因，到公元 12 000 年后，织女星将取代勾陈一成为地球的北极星，而且还将是历史上最明亮的北极星。值得一提的是，大约 1.3 万年前的冰河时期，那时的北极星也是织女星，这也说明北极星不是一颗亘古不变的星星。

　　牛郎星又名河鼓二，是天鹰座 α 星，是在全天亮星中排名第 12 的恒星，散发着白色的光芒，距地球约 16 光年，是裸眼可见的最接近地球的恒星之一。它的亮度是太阳的 13 倍，质量是太阳的 1.7 倍。

中国民间传说中，每年的农历七月初七当晚，牛郎会用扁担挑着他和织女的两个孩子通过喜鹊搭成的桥，跨越银河相会。但实际上，他们之间相隔 16 光年之远，即使乘坐目前最快的火箭都要飞数万年，哪怕牛郎想给织女打个电话，织女都需要 16 年才能听到牛郎的声音，一来一回需要 32 年之久……所以，牛郎织女是不会"鹊桥相见"的，这只是民间美好的想象而已。

在织女星和牛郎星连线中点北侧，还有一颗名为"天津四"的亮星，它是天鹅座的 α 星。天津四和织女星、牛郎星共同组成了著名的"夏季大三角"星群（图 19-5）。

图 19-5 隔河相望的织女星与牛郎星。

试着画出天琴座与天鹰座

参考图	标准亮星＋连线	临摹	星座创想画
	天琴座 织女星		
	天鹰座 牛郎		

名词解释

【1】岁差：是指地球自转轴长期进动，引起春分点沿黄道西移，使回归年短于恒星年的现象。

拓展阅读

天琴座的故事

这个故事讲的是音乐家俄耳甫斯的故事。他从小具有非凡的音乐才华，长大以后，阿波罗把七弦琴送给了他。有了这把宝琴，经过刻苦的练习，他很快就成为举世无双的琴师。

俄耳甫斯有一个美丽的妻子，名叫欧律狄刻。有一天，她跟女伴们跑到山间游玩，突然间，从草丛里跳出一条大蟒蛇，狠狠地咬了她一口，毒液从伤口进入她的血液，使她中毒而死。俄耳甫斯非常悲痛，跑向冥府，一边走着，一边弹琴，琴声感动了冥王和王后，他们复活了俄耳甫斯的妻子。在他领着妻子回家的过程中，因为违反了冥王的禁令，他的妻子又被死神带走了。俄耳甫斯再次向冥王求情，但是没有用了，不论怎么哭喊、怎么弹琴都没有用了，他只好默默地走回家去，默默地死去了。宙斯把这把辗转多次、历尽了天上和人间悲伤的七弦琴放入天空，就是我们今天所见到的天琴座。

天鹰座的故事

为了找到一名能够代替青春女神赫柏为神宴服务的侍者，宙斯变成一只目光锐利的雄鹰，飞旋在整个人类的陆地上搜寻。这一天，他来到了特洛伊城，他发现有一群少年在山间做游戏。宙斯的眼睛一亮，一眼就看中了其中一个机灵、活泼的小男孩。这个孩子名叫加尼美得，是这个国家的小王子。宙斯一个俯冲落到了孩子们面前。面对这只突如其来的雄鹰，孩子们吓得四散奔逃，只有加尼美得没有动。他见这只美丽的雄鹰英武挺拔，就大着胆子向它走去。走到跟前，他轻轻地抚摸着雄鹰光艳亮泽的羽毛，鹰也温顺地看着他。加尼美得越来越喜欢它，后来竟壮起胆子骑到鹰背上去了。等他坐稳了，大鹰展开双翅，陡然飞了起来。它越飞越快，越飞越高，眨眼间就消失得无影无踪。加尼美得被宙斯变的大鹰带回了奥林匹斯山，代替赫柏为众神倒酒。他干得非常出色，得到了众神的赞赏。宙斯对自己所变的那只雄鹰也十分得意，就把它变作一个星座——天鹰座。

1.找一找天鹰座附近除了牛郎星还有哪些亮星？"夏季大三角"由哪几颗星构成？

2.选择一个晴朗的夜晚观看星空，在师长陪同下，观测20分钟以上，在天空找到"夏季大三角"，画出当时你看到的星空，如果看到了流星、闪星或其他的情况，也记录下来。注意按照星等标出光芒来。

阳历日期 _____ 农历日期 _____ 时间 _____

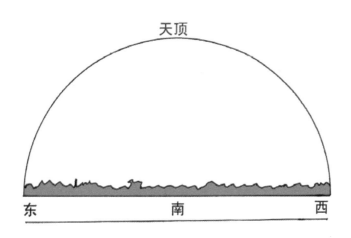

第 **20** 课

天鹅座

Casliopeja.

Cepheus.

夏季和秋季的夜晚，抬头仰望星空，只见在烟波浩渺的银河里，有一只美丽的天鹅展翅飞翔，令人赏心悦目，赞美不绝。这就是天鹅座（图20-1）。

图 20-1　天鹅座。

在中国的星宿体系中，天津四及其周围的 8 颗星被想象成了一艘船的形状，分别按顺序被编号成天津一到天津九，它们负担起了在天河上摆渡的重任。在西方，天津四和其他 6 颗亮星组成了一个巨大的十字，称为"北十字座"，与南十字座相对。不过它的大小是南十字座的 3 倍，在天空中的位置也比南十字座高得多（图20-2）。

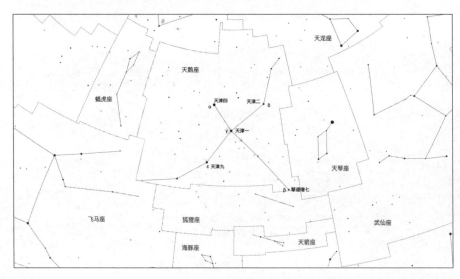

图 20-2　天鹅座星区图。

天鹅座主要亮星

主要亮星	中文名称	视星等	距离（光年）	特点
天鹅座 α	天津四	1.25	1500~2600	蓝白色超巨星，与天琴座 α（织女）、天鹰座 α（河鼓二）组成夏季大三角
天鹅座 β	辇道增七			双星
天鹅座 γ	天津一	2.2	1800	
天鹅座 δ	天津二	2.8	170	
天鹅座 ε	天津九	2.4	72	

 天津四

在银河的中央，织女星的东边，有一颗闪烁着白色光芒的亮星，它的中文名叫"天津四"，是天鹅座的主星 α，亮度 1.25 等，比织女星略暗，和牛郎星相仿。在天津四的下方有三颗 2 等星与它相伴，就是天津九、天津一、天津二。在夏天的夜晚，天津四和牛郎、织女连成了一个"夏季大三角"，每晚这个大三角都会经过我们城市的正夜空。如果你每晚定时观看，会看到它逐日偏西，到了冬季就沉入地平线以下。

 天鹅座里的深空天体

天鹅座位于银河的中央，用望远镜看的话，会发现这是个很热闹的地方。天鹅座中有许多美丽的气体星云和黑暗星云。在天津四稍东边可以看到一个气体星云，其轮廓外形很像北美洲的轮廓，因此也称为"北美洲星云"。天鹅右边翅膀尖儿上的网状星云，如轻纱般分布在星光熠熠的银河之中。在天津一和天津九之间，有一个天鹅座的黑暗星云，好像银河中的一个黑窟窿。

天津星官的来历

天鹅座里有九颗叫作"天津"的星，这里的"天津"是什么意思呢？跟天津市有什么关系呢？是不是用这座城市的名字命名的呢？早在1700多年前出版的《晋书·天文志》中就有"天津九星横河中"的说法，那时的天津一部分还是一片汪洋大海，也不叫天津呢！天津星里的"天"是"天河"的意思，"津"是"渡口"的意思，"天津"就是"天河上的渡口"。九颗天津星连起来像是一座桥，又像一只船。我国古代神话中的玉皇大帝在出行的时候，就要从这里渡过银河。

时光飞驰，日月如梭，600多年前的明朝，明成祖建都北京，才在我们这里设立"天津卫"，保卫京城的安全。又从安徽省调兵驻扎在城里，直到如今，天津方言还有着安徽腔调。天津，曾是天子的渡口，是南北交通的枢纽，是北京通向世界的门户。

试着画出天鹅座。

参考图	标准亮星+连线	临摹	星座创想画
	天津四 天鹅座		

天鹅座的故事

很久以前，埃托利亚王国的国王忒斯提俄斯生有一个女儿，名字叫勒达。有一天，她一个人在父亲的一个小岛上散步。岛上风景如画，她选择了一块高地坐了下来，抬头遥望着蓝天上的一群飞鸟出了神。大海风平浪静，延伸到遥远的天边。她漫步来到海边，纵身跳入大海，无拘无束地沐浴着、游弋着、玩耍着，这样欢畅地玩了一个小时，她感到浑身乏力，便走上岸来休息。她在一片绿茸茸的草地上躺了下来，望着天上的蓝天白云，感到十分舒服，不知不觉便睡着了。

正在此时，在天上巡游的宙斯飞到了小岛的上空，他看到岛上迷人的风景，便朝着地面俯冲下来。当他看到躺在这里熟睡的勒达时，摇身一变，把自己变成了一只洁白的天鹅，发出"嘎！嘎！"的叫声。叫声把熟睡的勒达惊醒了，她睁开迷离的眼睛一看，只见蓝天之中有一只雪白的天鹅在她的正上方一圈一圈地盘旋着，越来越低，越来越大。这只天鹅轻盈地、慢慢地降落在地上，没有发出一点儿声音。

勒达看到这只天鹅十分美丽，洁白的羽毛，光滑柔润的绒毛，优雅的姿态，矫健的步伐，颇有一番气度。后来这只天鹅竟然围着勒达跳起了欢快、轻盈的舞蹈，她看得如醉如痴，感受到深深的幸福。公主见这只天鹅既通人性，又是如此可爱，就向它频频招手。天鹅来到了公主身旁，勒达用她那柔软的手指轻轻地抚摸它的羽毛，并伸出了双臂把天鹅抱了起来。慢慢地，公主竟然进入了梦乡。

不知道过了多长时间，公主醒了过来，睁开了眼睛。一直守候在公主身旁的天鹅见公主醒来，便向她点点头，"嘎！嘎！"地叫了两声，然后挥动着翅膀，慢慢地飞了起来，恋恋不舍地在勒达头上转了三圈，然后展翅高飞，越飞越高，最后飞到了银河之中。

　　自从天鹅飞去之后，公主非常怀念它，每天都来到小岛上，满怀心事地散着步，嘴里念叨着"飞来吧，可爱的天鹅！"可是，天鹅再也没来过。宙斯见公主如此地怀念，就把天鹅的形象放入了星空，成为天鹅座。

第 21 课

天蝎座与人马座

每年的 7 月和 8 月，沉浸在愉快假期中的你，可以利用闲暇时间离开高楼林立的城市，寻找一片南面地势开阔的空地，去收获一年之中最美丽的星空与银河，大饱眼福。尤其应该看一看城市里难得见到的那只跃居在地平线上的"大毒蝎子"——天蝎座和银河中心所在星座——人马座。

 天蝎座

　　天蝎座（图 21-1 和图 21-2）是著名的黄道星座，由 16 颗明亮的星星连成一个大"S"形，形态犹如张着两螯的大蝎子。在中国古代星官体系中，天蝎座天区是房、心、尾三个星宿的地盘。西方蝎子形象中的头胸部即是房宿所在。石申（亦称石申夫，战国时期魏国天文学家）认为，房宿代表着天子的明堂，天子会在这里颁布政令、举行朝会以及祭祀活动。

图 21-1 天蝎座形象。

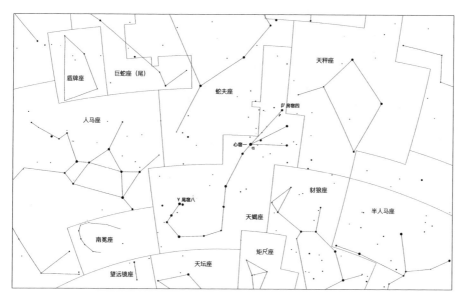

图 21-2　天蝎座星区图。

★ 天蝎座里的亮星

在这只大蝎子的身上，明亮的星星还真不少，有五颗 2 等星、一颗 1 等星。这颗 1 等星名叫心宿二，它的亮度为 1.05 等，距离我们 604 光年，颜色通红似火，又在炎热的夏季出现，因此又叫"大火星"。心宿二以其视亮度，成为全天空中排第 15 位的亮星。目前心宿二已进入恒星演化的晚期阶段，体积是太阳的两亿倍，属于年老的"红巨星"。如果把心宿二放到太阳的位置，那么心宿二的恒星表面将会在火星和木星的轨道之间，大约在小行星带附近，连地球也要被它吃到肚子里去呢（图 21-3 和图 21-4）！心宿二在西方被视作"天蝎的心脏"，在东方的星宿体系中则被称为"东方苍龙之心"。看来，无论东西方，都很看重这颗红红火火的 1 等星。

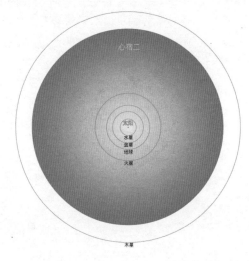

图 21-3　心宿二半径已大于日地距离。

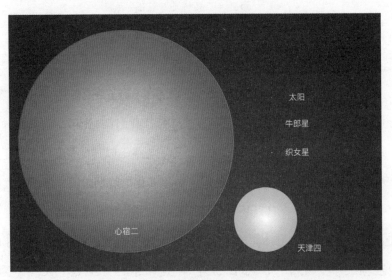

图 21-4　心宿二、织女星、牛郎星、天津四、太阳体积对比。

《诗经》中的"七月流火"即是大火星西行，天气将寒之意。"日永星火，以正仲夏"，意思就是，在正午日影最长的日期，入夜时大火星恰好在南中天附近，此时为仲夏时节。由此可以看出，大火星是中国古人最早关注的恒星之一，并且很早就树立了"大火星为夏季星空代表"这一观念。

天蝎座里的深空天体

天蝎座共有四个梅西耶天体，分别为疏散星团 M6（蝴蝶星团）、M7（托勒密星团）和球状星团 M4、M80（图 21-5）。其中 M7 星团是距离太阳系最近的球状星团，因其又大又亮，早在公元 130 年托勒密就发现了它的存在，并描述它为"天蝎座毒刺后面的星云"。它由 80 颗恒星组成，视星等达到 3.3 等。天气好的夜晚，我们可以用肉眼观察到这个星团。M6 蝴蝶星团，构成蝴蝶的形状，1654 年由天文学家霍迪尔纳发现，视星等 4.2 等，需要借助天文望远镜才能观测到这个星团。M4 球状星团，在 1746 年由瑞士天文学家德·塞索发现，其视星等为 7.2 等，只能通过天文望远镜或者口径较大的双筒望远镜才能看见它。M80 球状星团，位于心宿二和房宿四的中间，由成千上万甚至数十万颗恒星组成，外貌呈球形，越往中心恒星越密集。

图 21-5 M6、M7、M4、M80。

人马座

　　人马座在天蝎座的东部，是黄道上 13 个星座之一，每年 12 月 18 日至 1 月 18 日太阳在这个星座里运行（图 21-6）。正对着银河的银心方向，这部分银河是最宽最亮的，里面的星团和星云特别多。在夏夜，从天鹰座的牛郎星沿着银河向南就可以找到它。人马座的形状像是一位上半身人形、下半身马形的人物。在希腊神话中人马座是一位名师，教出了许多"高徒"。在北半球观看，上半部 6 颗星排列的图形与北斗星相似，名叫"南斗"，下半部 4 颗星的图形像一个敞开的簸箕，名叫"南箕"。斗是量米用的，箕是扬粮食用的，它们都是农具，合起来叫作"斗箕"。2013 年 10 月全国中学生汉字书写大赛的冠军赛中，一名通关至最后的选手遇到"斗箕"这个词却不知其意，最终败北。

图 21-6 人马座形象。

按星座大小排序，人马座位居第 15 名，与望远镜座、南冕座、天蝎座、蛇夫座、巨蛇座、盾牌座、天鹰座、摩羯座和显微镜座相邻（图 21-7）。人马座里肉眼可见的星星有 65 颗，其中 2 等星 2 颗，3 等星 8 颗，天气好的时候，在市区也可能看得到。

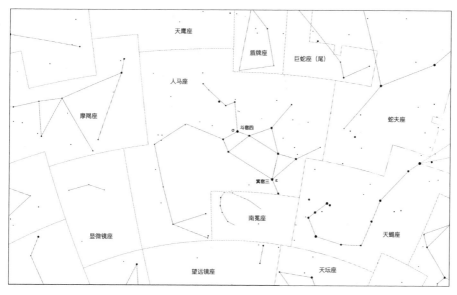

图 21-7 人马座星区图。

人马座主要亮星

主要亮星	中文名称	视星等	距离（光年）	特点
人马座 ε	箕宿三	1.85	88	弓的南部，人马座最亮星
人马座 σ	斗宿四	2.02	210	人马座第二亮星

每年 7 月初，随着天色渐暗，人马座从东方悄悄升起，渐渐高升，待到 10 月份，天刚黑它已爬升至南方天空，非常适合观测。

天蝎座的故事

古希腊的神话传说中，天蝎座用带有剧毒的毒针蜇死了世界上最勇敢的猎人。故事是这样的：海神波塞冬的儿子成长为猎人，曾经战胜了许多凶猛的野兽，于是他夸口说："我，走遍天下无敌手，谁也不能奈何我！"天后赫拉为了教训他一下，就派出这只大蝎子，守候在路旁的草丛里，当猎人经过这里时，猛然窜出来，在猎人脚后跟处，狠狠地蜇了一下，猎人当即倒地而死。天神宙斯拯救了他，将他复活并且升入天界，成为冬天的猎户座。而蝎子害怕猎人报仇，在天空的另一端躲了起来，成为夏天的天蝎座。两个星座距离遥远，一冬一夏，永不相见。

在中国古代，天蝎座里的大火星称为"商星"，而猎户座的腰带三星称为"参星"。据《左传》记载，高辛氏有两个儿子，老大叫阏伯，老二叫实沈。这两个人，一见面就会吵得不可开交，有时甚至会大动干戈。为避免他们兄弟相残，尧帝将阏伯送往商地，让实沈去往大夏，两地相隔遥远，从此永不相见。实沈利用参宿三星来定时间和历法；而阏伯专门观测大火星来确定季节，因此大火星又名商星。而由于商星和参星在天空中正好位于相对的东西两侧，每当商星东升，参星就会西沉，如同这两个兄弟一样，永远不得相见。正如唐代大诗人杜甫的诗句："人生不相见，动如参与商。"在河南商丘有一座阏伯台，就是阏伯观测大火星的地方，这也是现存最早的观星台（图21-8）。

图 21-8 位于河南省的阏伯台。

1.试着绘制天蝎座和人马座星图。

参考图	标准亮星 + 连线	按照 1 图绘画	创想星座形象
	心宿二 天蝎座		
	南斗 人马座 南箕		

2.图 21-9 为天蝎座的疏散星团[1]M6（蝴蝶星团），请你用笔给亮星连线，让它变成一只美丽的蝴蝶。

图 21-9 蝴蝶星团。

185

名词解释

[1] 疏散星团：是指由数百颗至上千颗由较弱引力联系的恒星所组成的天体，直径一般不过数十光年。

课后实践

在下图（图21-10）中，请你画出你所知道的星座，至少画出天琴座、天鹰座、天鹅座、天蝎座、人马座，并在夜晚设法找到这些星座。

图 21-10 夏季全天星图。

武仙座与蛇夫座

Casfiopejas

Cepheus.

武仙座

在夏季的星空中，有两个没有亮星但却非常著名的星座，分别是代表英雄的武仙座和代表医生的蛇夫座。武仙座在古希腊神话中，象征着身披狮子皮，右手高举大木棒，左手攥着九头蛇的大英雄赫拉克勒斯（图22-1）。蛇夫座则是太阳神的儿子阿斯克勒庇俄斯的化身，双手握着一只巨蛇，悬壶济世，治病救人。

图 22-1 英雄赫拉克勒斯在天空中的形象。

武仙座的亮星

武仙座位于北天，是夏季夜空中面积最大的一个星座，居全天第5位（前四位是长蛇座、室女座、大熊座、鲸鱼座）（图22-2）。裸眼可以看到的亮度6等以上的星有181颗，座中有相当多的3等星。可遗憾的是，这么一个赫赫有名的大星座里面没有一颗亮于 2 等以上的亮星，因此在夜空中并不很显眼。其中最亮的星要数武仙座 β，中文名叫"河中"，视星等为 2.9（3 等星），距离地球 31 光年，绝对星等为 2.97。

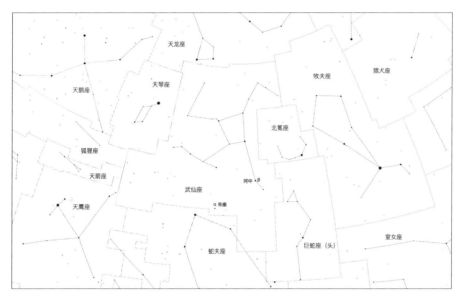

图 22-2 武仙座星区图。

寻找武仙座

　　因为没有亮星，武仙座比较难以寻找。想要找到它，我们首先要找到"夏季大三角"，通过前面的学习，我相信你一定可以找到这个夏季星空的标志。在大三角的西边不远处有一颗橘红色的大角星。你朝着织女星和大角星中间的广阔地带仔细观察，十几分钟以后，就会看到呈半圆形分布的北冕座。在织女星与北冕座之间大片没有亮星的区域就是武仙座，其中由 6 颗星连成的字母"K"字，就是武仙座的躯干，呈现出英雄单膝跪地的形态。有趣的是，大英雄赫拉克勒斯的形象在北半球看上去是倒立的，只有在南半球看才是正立的（图 22-3）。

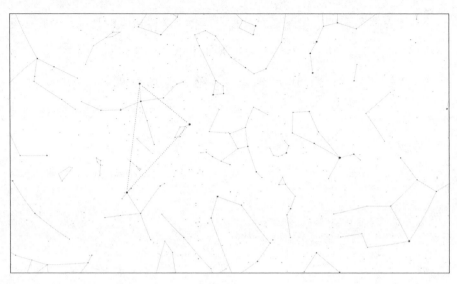

图 22-3 包含夏季大三角、牧夫座大角星、北冕座的南天星图。

武仙座的 M 天体

武仙座里没有亮星，但是却有着北天最明亮、最美丽的球状星团 M13（图 22-4），为它赢得光彩。武仙座球状星团视亮度有 5.7 等，眼睛敏锐的人即使不用望远镜也能看到它。但是人的肉眼根本看不出它是个星团，最初人们认为它是一颗恒星。第一个发现它并不是一颗恒星的是英国天文学家哈雷，他发现一个模糊的块状天体位于武仙座。在 1764 年，法国天文学家梅西耶敏锐地注意到了这个模糊的天体，并将它编入自己编制的星表中，排在第 13 位，简称 M13。后来英国著名天文学家赫歇耳通过自制的大型反射望远镜，发现 M13 是由许多恒星组成的，中间是一个密集的星团，四周分布着密密麻麻的星星们，活像一朵大菊花。目前人类估计 M13 星团之中包含着 50 多万颗恒星、500 多万颗行星，总质量大约是太阳质量的 50 万倍，距离我们 25 000 光年，星团本身直径为 175 光年。

图 22-4　M13。

这么多的恒星聚集在 M13 之中，说不定在哪一颗行星上居住着生命呢！在 1974 年 11 月 16 日，美国在世界上最大的直径 305 米的阿雷西伯射电天文台落成典礼上，向 M13 发去了一封长达 3 分钟的电报。这封电报采用二进制数码（只有 0 和 1），告诉那里的"外星人"很多关于我们的信息，还画出了人类的图形：躯干和四肢。

但是 M13 距离我们大约有 25 000 光年，这些信息需要两三万年才能到达那里。届时，也许那里有一个居住着外星人的星球收到了这封电报，并且发动了他们星球的科学家们共同破译了它，他们会向着电波来的方向发出回电，等到地球人接到回电的时候，已经过了 5 万多年了。

蛇夫座

在南面星空中与倒立的武仙座相对，是由名医阿斯克勒庇俄斯化身的蛇夫座（图 22-5）。蛇夫座手持一条巨蛇，将巨蛇的蛇头和蛇尾分开，这就是巨蛇座。蛇夫座是赤道带星座之一，从地球看去，蛇夫座位于武仙座以南，天蝎座和人马座以北，银河的西侧。蛇夫座是星座中唯一一个与另一星座——巨蛇座交接在一起的星座，同时，蛇夫座也是唯一一个兼跨天球赤道、银道和黄道的星座。在天文学里，它被认为是黄道的第 13 个星座。

图 22-5　蛇夫座形象。

蛇夫座既大又宽，形状为长方形，天球赤道正好斜穿过这个长方形。尽管蛇夫座跨越的银河很短，但银河系中心方向就在离蛇夫座不远的人马座内。银河在这里有一块突出的部分，形成了银河最宽的一个区域。纬度变化在 +80° 和 -80° 之间全部可见。

因为蛇总是不断蜕皮，在希腊，蛇是一种健康、新生的象征。所以你可以看到巨蛇座和蛇夫座密不可分，蛇头在东，蛇尾在西，把蛇夫座夹在当中。它们属于夏季星座，每年 6 月初，晚 9 点之后，它们在东方地平线之上，如果你总是在晚 9 点观星，会看到它们的位置每天上升 1°，到了 7 月下旬，晚 9 点它已处在中天（正南）的位置。

可是，这两个星座却没有亮星（即 1 等以上的星），蛇夫座只有两颗

2 等星，6 颗 3 等星，巨蛇座没有 2 等星，只有两颗 3 等星。因此我们很难从星空中找到这两个星座。解决办法是从它们周围的几颗亮星认出它们：在下面有天蝎座的心宿二，东边有牛郎星、织女星，西边有大角星。这两个星座就在亮星的中间（图 22-6 和图 22-7）。

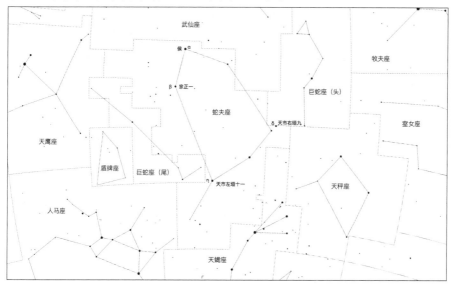

图 22-6 蛇夫座星区图。

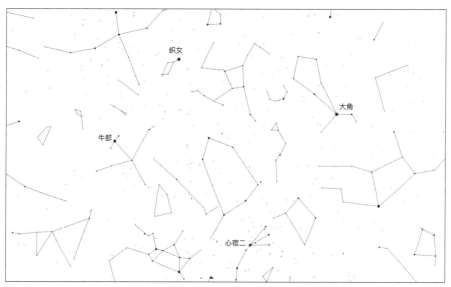

图 22-7 夏季南天星图。

武仙座的故事

代表武仙座的大英雄赫拉克勒斯，是宙斯和英仙座帕修斯的孙女阿尔克墨涅所生的儿子。他降生以后，母亲把他放在摇篮里。宙斯的妻子赫拉趁着母亲熟睡时在摇篮里放了两条毒蛇，想让毒蛇把孩子咬死。没想到这个孩子使出了超人的神力，用两只小手抓住了蛇的脖子，活活把它们掐死了。由于他的母亲是人类，长大以后他不能具备神仙的资格，必须立下 12 件大功才能成为神仙。他的第 1 件大功就是用双手掐死了铜头铁脚的大雄狮，第 2 件大功是斩杀了九头蛇，第 3 件大功：活捉牝鹿，第 4 件大功：捕捉野猪，第 5 件大功：清扫马厩，第 6 件大功：驱赶怪鸟，第 7 件大功：驯服疯牛，第 8 件大功：制伏牝马，第 9 件大功：夺取金腰带，第 10 件大功：牵回牛群，第 11 件大功：摘取金苹果，第 12 件大功：带回宙斯的恶狗。他完成了全部 12 件大功，于是被接纳到了奥林匹斯山，成为神仙。

歌谣

武仙生来命多舛

力拔山兮气盖天

杀狮驯牛砍长蛇

十二任务功劳建

奥林匹斯神一员

赫柏女神来相见

人类电报发至此

球状星团盼来电

蛇夫座的故事

蛇夫座的代表人物是阿斯克勒庇俄斯,他是太阳神和公主所生的儿子。不幸的是,在他出生不久,母亲就生病去世了。他从小立志,长大以后要当一名医生。于是请父亲带着他,拜克戎为师。有一天,他在田野里散步,像我国古代医生那样,在草丛中寻找药材。他遇到了一只山羊,这只羊已经病得奄奄一息了,卧在草地上,还用力地吃着身边的草。过了一会儿,这只羊竟然好了,活蹦乱跳地站起来跑了。阿斯克勒庇俄斯赶紧把这片草拔起来装进药袋里。在回家的路上,他看到村子里的人在痛哭流涕,原来是一位德高望重的老人要死了。阿斯克勒庇俄斯跟着病人的儿子到他家里,从药袋中拿出一把草药,放进锅里煮汤,让病人服下去。过了一段时间,老人就恢复了健康。为感谢他的救命之恩,村里人重金酬谢他,可是他钱也不要,转头走了。他来到田野里,又看见一条花斑蛇,僵直地躺着,慢慢地蠕动着,要死的样子。只见那条蛇蜕下一层皮以后,又变得活泼敏捷了,在草丛里跳起了舞蹈。他赶紧跑上前去捉住了这条蛇,把蛇毒、蛇皮制成了药材。从此以后,他便云游天下,治好了许多人的病,成为一代名医。因为他总是身不离蛇,人们叫他"蛇夫",他去世之后,天神宙斯让他复活,并且允许带着那条宝贝蛇一起升入天空,成为蛇夫座和巨蛇座。

歌谣

蛇夫座,是神医

腰缠巨蛇走东西

为人治病施灵药

升入星空永不离

课堂练习

1. 下图（图22-8）中，一个是七姐妹星团（属于疏散星团），一个是M13（属于球状星团[1]），仔细观察这两个星团，写出它们的不同之处。

图22-8　七姐妹星团和M13摄影照片。

2. 你觉得赫拉克勒斯打败的这些怪物中，哪个是最厉害的？你能设计出一只超级无敌的大怪物吗？它拥有什么样的超能力呢？

3. 思考：从阿斯克勒庇俄斯观察山羊和取材巨蛇的情景，你能感受到他有什么样的优秀品质？ 和你的小伙伴交流一下彼此的想法吧。

4. 比较下列这两颗星：

星座	星名	视星等	绝对星等	颜色	距离
蛇夫座	α / 候	2.08m	0.96M	白	54
蛇夫座	η / 宋	2.43m	1.4M	白	67 光年

这两颗星谁更亮一些 ＿＿＿＿＿＿，实际上谁更亮 ＿＿＿＿＿＿

这两颗星，谁更远一些 ＿＿＿＿＿＿

名词解释

[1]球状星团是由上万颗甚至上千万颗恒星密集成团组成的，呈现为圆球状或扁球状，肉眼看去只是一个个小白斑。用天文望远镜观测也只能分辨出外围的颗颗恒星，中间部分像是一窝蜂似的结成一团。在银河系中已经发现了130多个球状星团，直径在16光年到350光年不等。

课后实践

1. 请仔细观察下面这封发给外星人的电报（图22-9），指出各种图形所包含的意义来，并查阅这封信都介绍了哪些信息。如果让你给外星人发一封电报，你打算画些什么呢？你觉得给外星人发信息，告诉他们地球的存在，这个事情是危险的还是安全的？你如何看待这个事情？

图 22-9 阿雷西博给外星人的一封信。

＿＿＿＿＿＿＿＿＿＿＿＿＿＿＿＿＿＿＿＿＿＿＿＿＿＿＿＿＿＿＿

＿＿＿＿＿＿＿＿＿＿＿＿＿＿＿＿＿＿＿＿＿＿＿＿＿＿＿＿＿＿＿

＿＿＿＿＿＿＿＿＿＿＿＿＿＿＿＿＿＿＿＿＿＿＿＿＿＿＿＿＿＿＿

2. 在下图（图 22-10）中，找出蛇夫座和巨蛇座，并且连上线。

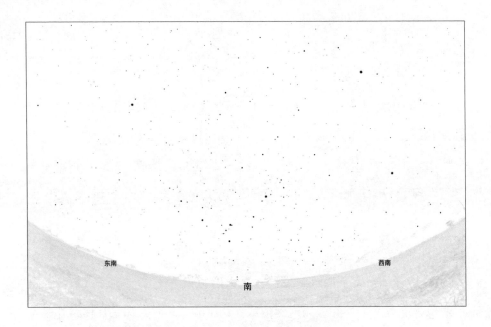

图 22-10 夏季星空图（截图自虚拟天文馆 APP。）

第 23 课

银河与银河系

唐代大诗人李白的《望庐山瀑布》中有一句："飞流直下三千尺，疑是银河落九天。"在诗中，李白将瀑布飞流而下的壮观场面比喻成银河从天上倾泻下来。随着交通事业的不断发展，去庐山看瀑布已经不是难事，但是想在夜晚观看银河，却需要远远逃离城市的干扰。这不但需要一个全黑的环境，无月、无云，同时还要具备一定的观星常识。

银河，在西方称为 the Milky Way，我国古代有云汉、天河、天汉、星河等称呼，在夏天晴朗的夜晚，犹如一条淡淡的纱巾似的光带从东北向西南方向跨越整个天空。在科学不发达的古代，人们根据它的样子，将它想象成天空中的一条大河，并且创作了"牛郎织女隔河相望"等诸多美丽的神话故事。

四季的银河

夏季的银河（图 23-1）从西北流向东南方，从中间分成了两叉，这是银河最宽、最亮的季节；而到了秋季，银河转变了方向——从西向东横过天空，显得细窄而黯淡；冬季的银河与夏季对比，它调换了一个角度——从东北方流向西南，称为"调角"，此时的银河比较明亮，但不如夏季；到了春花烂漫的季节，银河就消失不见了。这是由于地球每年环绕太阳公

图 23-1 夏季银河摄影照片。

转一圈,我们在地球上,所看到的银河姿态也在随着时间和季节变换着。所以,并不是每个季节的夜晚都能清楚地看到银河,而在夏季的夜晚,我们看到的是银河系中心,夏季是银河的最佳观测时期(图23-2)。

图23-2 不同季节,地球黑夜朝向银河不同方位。

用一首歌谣来总结:

银河分叉,单裤单褂(夏季)

银河横挂,秋风飒飒(秋季)

银河调角,棉裤棉袄(冬季)

银河不见,春光温暖(春季)

银河两岸的星座

银河两岸有许多有趣的星座,最北面的是 M 形的仙后座和五边形的仙王座,往南是悠悠飞翔的天鹅座、冲击长空的天鹰座和奏着悠扬乐曲的天琴座。三颗明星——“夏夜女王”织女星、牛郎星和天津四组成的“夏季大三角”镶嵌在银河之上。

这个大三角是等腰三角形,两条长边在天球上的“视距离”都是

46°，一条短边是 26°。从初夏到深秋，每个晴朗的夜晚都可以看到它。在天鹅座翅膀的覆盖下藏着狡猾的狐狸座，正伸出头在天河里饮水；在狐狸的脚下生存着聪明绝顶的海豚座，幸亏有天箭座指向狐狸座，才镇住了它不敢耍滑。当然，有"矛"就有"盾"，在天鹰座的尾巴上挂着盾牌座。

泛舟在银河之中，缓慢向南行驶，不知不觉就来到了银河最宽、最亮之处，这里与地平线相连，可以在这里"登陆"。在滔滔水浪中盘踞着两个大星座：带着毒钩的天蝎座和人头马身的人马座。在人马座之下还有南冕座，像一顶花冠，与北冕座遥遥相望（图 23-3）。

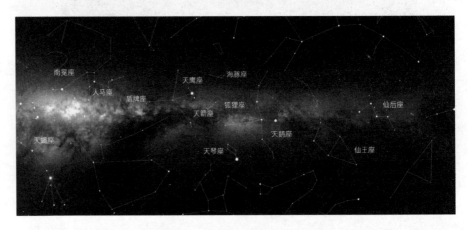

图 23-3 与银河邻近的星座。

⭐ 银河与银河系

我们在上文中所提到的"银河"与天文学上的"银河系"是一回事吗？银河是由无数恒星组成的，由于人类的肉眼分辨不出密集的恒星，因此将它看作一条银白色的丝带。银河系的发现经历了漫长的过程，直到伽利略首先用望远镜观测，才发现银河是由恒星构成的。银河系是一个由 1000多亿颗恒星组成的盘状恒星系统，而太阳系正处于这个系统中，它的总质量大约是太阳质量的 6000 亿至 30 000 亿倍，直径有约 10 万光年。因此银

河不是银河系，而是银河系的一部分。

"不识庐山真面目，只缘身在此山中。"我们身处银河系之中，夜晚你能用肉眼看见的所有恒星，以及许许多多因为太暗而肉眼看不见的恒星，包括我们的太阳和太阳系在内，都属于一个巨大的恒星系统，即银河系。除此之外，银河系中还包括许多星团、星际介质和星云。

银河系从侧面看，其主体像中间凸起的大透镜。而从正面看，则像一个庞大的车轮状的旋涡系统，从核心棒轴向外伸出四条主要旋臂，分别是人马座旋臂、猎户座旋臂、英仙座旋臂和三千秒差距臂，我们所在的太阳系即位于猎户座旋臂上（图23-4）。

图 23-4 银河系侧视与俯视图。

银河系只是宇宙中一个普通的星系，在宇宙中，人们估计河外星系的

总数可达千亿,它们如同辽阔海洋中星罗棋布的岛屿,故也被称为"宇宙岛"。河外星系是位于银河系之外, 由几十亿至几千亿颗恒星、星云和星际物质组成的天体系统。目前已发现大约10亿个河外星系。河外星系的发现使人类的视野突破银河系的局限, 深入到更加广阔的河外世界(图23-5)。

图23-5 哈勃空间望远镜拍摄到的河外星系。

1. 要想清清楚楚地看到银河,需要找什么样的环境观测?

_____

_____

2. 有了观看银河的适当环境还不够,还要选择好观看的季节,最好是在夏季。夏季看银河有哪些有利条件呢?请写在下面。

① _____ ② _____

③ _____ ④ _____

3. 请在下方银河系的正面图（图23–6）中圈出太阳的位置。

图 23–6 银河系正面俯视图。

4. 在下图（图23–7）中你看到了银河两岸的哪些星座和亮星，把它们一一写出来。

_____

_____

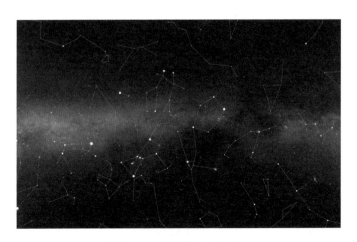

图 23–7 冬季银河与星空。

拓展阅读

在古代没有光污染的情况下，银河很容易被人们所认知，因此那时与银河有关的故事，流传于世界各地。银河在西方称为 the Milky Way，直译过来就是"牛奶之路"。银河的故事又与古希腊神话的大英雄赫拉克勒斯有关，他在刚出生的时候，就已经力大无穷。有一次，他连续好几天都没有喝到奶，于是他饿得号啕大哭。哭声引来了宙斯，宙斯将幼小的赫拉克勒斯抱到了天后赫拉身边，请求赫拉喂食这个可怜的孩子。可是赫拉克勒斯力气太大了，他使出全身的力气来吸吮奶汁，由于太过用力，很多奶汁溅洒在天空中，就形成了银河。

在我们中国，除了牛郎织女的故事之外，还有灯草星和石头星的故事。河鼓三星和心宿三星，在民间又称"石头星"和"灯草星"，一个在银河边上，闪着很亮的白光；一个在银河里，看上去有些发红。相传，在很久很久以前，这两颗星同在银河的一侧，发着同样的白光，他们是兄弟俩，但同父异母。后娘偏心，让自己的儿子——弟弟担灯草，而让哥哥去担石头。弟弟一路挑得都很轻快，哥哥就挑得很吃力。谁知过天河的时候，天刮起了大风，哥哥的石头担子重，一挑就挑过去了，弟弟的灯草担子轻，掉到天河里，吸收了大量水分，变得越来越沉，怎么挑都挑不过去，脸都憋红了，后来就变成了一个带点儿红色的灯草星。哥哥呢，过了河又不敢走，走了怕把弟弟丢下来回去要挨打，老是在天河那边等，后来就变成了一个白得发亮的石头星。直到现在，天河两边的石头星、灯草星还在那里闪呀闪的。

其他关于银河的故事，你能搜集一些，讲给同学们听听吗？

1.请用优美的文字或诗歌描写出银河美景。

_____

_____

2. 同学们在外出旅行时，别忘了在晴朗的夜晚找一找我们所学到的星座内容。先在下图（图23-8）中练练兵吧，给你认识的星座朋友，连连线，最好还能标出银河的范围。加油吧！

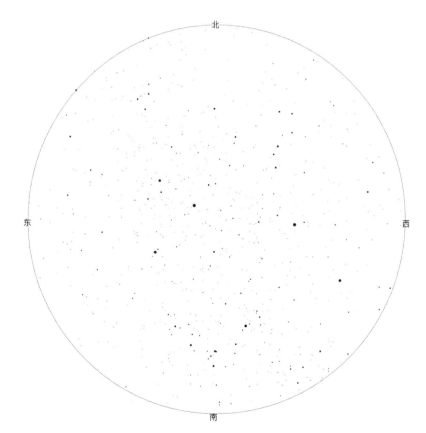

图 23-8 夏季全天星图。

第 24 课

开展一次校园
观测活动

　　"纸上得来终觉浅，绝知此事要躬行"，经过了一个学期的学习，同学们积累了不少的天文知识，但要想真正领略天文的魅力，还要常常去读"星空"这本大书。

　　天文观测活动不像一般的学科实验可以在实验室开展，天文观测要走出室外，无论是白天观测太阳或是望远镜操作实践，还是夜晚开展的观测行星或者认识星座等，都存在一定的不确定因素。因此我们策划或开展一次观测活动，一定要提前规划，做好准备，保障安全，这样才能使活动达到最好的效果。实施一次观测活动大致可分为三个环节：准备、实施和总结。

观测准备

一、选定观测主题

　　《走进天文》《仰望星空》两册书已为大家详细介绍了太阳、月亮、星空的常识，我们可以基于此开展主题丰富的观测活动了，我们也可以根据实际情况，先开展观测活动调动学生学习兴趣，再开展课程。不同的主题，适于观测的时机不同，对观测场地、器材的要求也不尽相同，因此我们首先要根据天象情况选定观测主题，比较适合中小学生开展的观测活动主要有：太阳观测、月亮观测、行星观测、星座观测、流星雨观测、人造天体观测，以及少见的日月食观测、彗星观测、M 天体观测等。下面介绍一些基础性的观测。

太阳观测

　　以太阳为目标的观测活动一般有：立竿见影定方向、日影观测、太阳黑子观测（图 24-1）。这些观测可以在校内随时进行，可以结合典型节气（冬至、夏至），结合黑子预报选择观测时段。

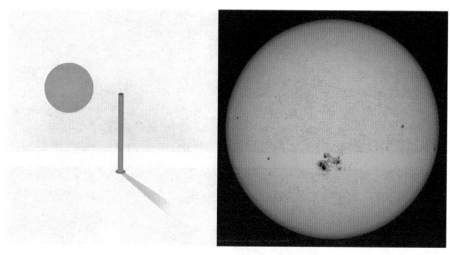

图 24-1 立竿见影定方向和太阳黑子观测。

月亮观测

以月亮为目标的观测一般有：月相观察、观测月面（图 24-2）。这些可以在校内、课余进行，可以根据月相周期选择观测时段，每个月都可以有适合观测的机会。

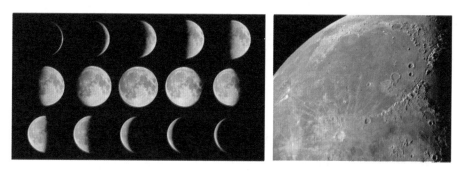

图 24-2 月相变化以及望远镜中的月球表面。

行星观测

金星、木星、水星、火星、土星是 5 颗肉眼可见的行星，都会随着各自公转位置变化有适合观测的时机和观测亮点，可以根据《天文爱好者》杂志每月天象预告选择观测主题（图 24-3）。

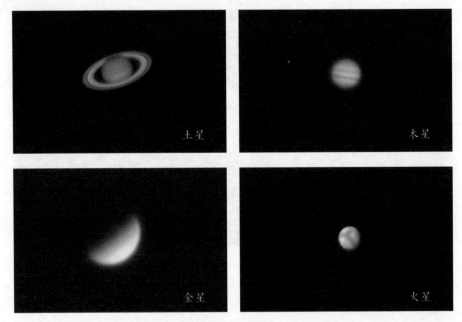

图24-3 望远镜中的土星、木星、金星和火星。

星座观测

观测环境越亮，看到的星星越少；观测环境越暗，看到的星星越多。因此，数星星、找星座最好选择远离城市灯光的地方，但是如果活动受客观条件限制，也可以选择寻找著名亮星、季节显著标识星作为主题。

流星雨观测

北半球有三大著名流星雨，即1月的象限仪座流星雨、8月的英仙座流星雨和12月的双子座流星雨，另外还可以观测广受关注、被称为"流星雨之王"的狮子座流星雨。

人造天体观测

环绕地球转动的很多人造天体在过境时某些角度可以被太阳照亮，很是显眼，值得观测，包括国际空间站、卫星等。可以通过 www.calsky.com 网站查询任何地点的人造天体过境信息（图24-4）。我们可以结合自身情况选择观测目标。

国际空间站 - 过境详情　　　　　　　　首页 | 星下点轨迹 | 信息 | 轨道

点击星图以放大至相应区域

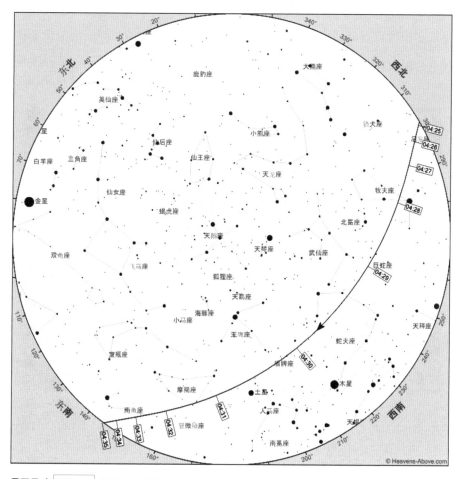

星图尺寸 800 （500 - 1600）

日期：2019年5月18日

轨道：408 x 410 千米，51.6°（时间：5月19日）

事件	时间	高度	方位角	距离（千米）	亮度	太阳高度
升	04:24:30	0°	301°（西北偏西）	2 337	-0.2	-6.3°
到达高度10°	04:26:39	10°	294°（西北偏西）	1 473	-1.3	-6.0°
上中天	04:29:46	40°	223°（西南）	619	-3.3	-5.4°
低于高度10°	04:32:52	10°	153°（东南偏南）	1 465	-1.0	-4.9°
落	04:35:01	0°	145°（东南）	2 322	0.1	-4.6°

图 24-4 www.calsky.com 网站查询人造天体示意图。

213

二、选定观测场地

太阳、月亮、行星、主要亮星及季节标志性亮星、人造天体的观测都可以在市区以及城镇内开展，校园内操场和市区公园的开阔安全地带都比较适合组织这类观测（图24-5）。

图 24-5　天津市某小学组织观测场景。

辨认星座，观测银河、流星雨、深空天体都需要开阔地带且远离灯光，更适合前往距离街区、城市远一些的地方观测，对于城市的学校，需要考虑成本、安全等诸多因素，处于山区、郊区、农村的学校则具有开展此类活动的优势。

其实，观测目标和场地的选定相辅相成，我们也可以根据自身条件选择观测目标。

三、确认安全

成功组织观测活动的基础是安全，因此要提前做好安全教育，排除安全隐患。

第一，不可直视太阳。无论肉眼还是通过望远镜，都不可以直视太阳，尤其通过望远镜观测太阳黑子时，千万不能取下滤光镜，寻星镜也必须加滤光镜。否则会灼伤眼睛，后果严重。

第二，观星不走路、走路不观星。

第三，拿稳观测器材。例如望远镜的平衡锤、三脚架都比较重，要小心安装，防止砸伤。

第四，保暖。冬季是观星好季节，观测前必须做好防寒保暖。

四、器材准备

要准备与观测目标匹配的器材与设备，例如，观测太阳需要天文望远镜、滤光镜、投影板等；观测月面需要视场大一些的天文望远镜即可；观测行星需要视野小、焦距长的天文望远镜、星图软件；观测星座则只需要肉眼、星图、指星笔、小手电这些工具就可以了。

如果有单反相机、三脚架和转接口，可以在所有的观测活动中增加天文摄影环节。

五、观测材料准备

包括观测记录表、绘图纸等，如太阳黑子投影观测记录纸（图24-6）、月相观测记录低。

太阳黑子观测记录

姓名 _____　　　　日期 _____

班级 _____

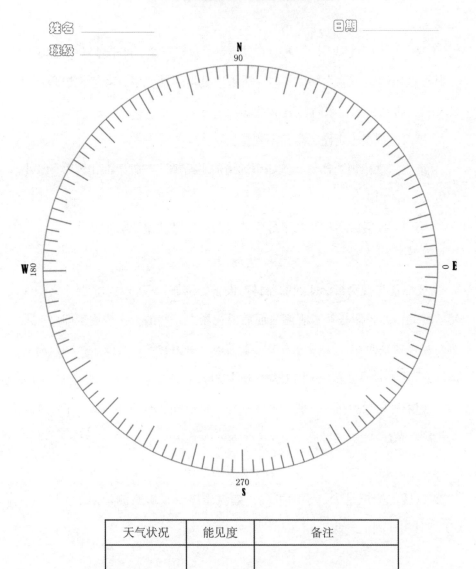

天气状况	能见度	备注

图 24-6　太阳黑子投影观测记录纸。

集合、分组、架设并调试天文望远镜，观测。记录、结束、有序离开。

总结报告

有总结和分析的观测才是一次完整的观测，例如，长时间连续观测太阳黑子，记录并总结黑子的数量、结构、大小变化等信息，可以反映太阳自转、太阳活动发展情况；观测月相及位置变化能反映月球绕地球公转的规律；对流星雨观测记录是研究流星雨的主要数据来源。

范例：一次校园月球观测的活动设计

月　　相：盈凸月

观测时间：2016 年 11 月 11 日（周五）、农历十月十二、18∶00 — 19∶15（因为日落时，盈凸月位于东南天空，所以选择天黑后的时间即可）。

观测地点：耀华中学大操场（因为观测时月亮位于东南高空，选择东南方向、没有遮挡的安全平台即可）。

观测人员："耀华星缘"天文社初中部，人数 20 人。

观测器材：信达小黑反射望远镜 1 架、双筒望远镜 2 台、电子星图、红光手电、照相支架等。

观测任务：

（1）望远镜的使用操作。

（2）月面观测，寻找月海和环形山，观测月球表面辐射纹等。

（3）月面摄影，包括单反相机拍摄和手机拍摄，绘制月面素描图。

（4）填写观测记录。

人员安排：指导教师；学生分三个小组，每小组由两名社团骨干负责组织活动。

观测材料记录表：

观测活动记录表

日期		时间	
观测地点			
观测成员			
观测记录	月　海： 月　陆： 环形山： 辐射纹：		
月面素描			
存在问题			

活动流程：

（1）18：00—18：20。望远镜的安装和调试，主要包括赤道仪的安装，寻星镜和主镜校准。快速寻找观测目标训练，调焦及目镜更换等，安排三个小组轮换练习。

（2）18：20—18：45。三个小组分别利用反射望远镜及双筒望远镜，对准月球月面观测，观察月面状况。更换目镜，观测不同放大倍率下的月面细节，找出第谷环形山、哥白尼环形山，识别不同的月海。三个小组交换利用两种望远镜观察，小组合作完成月面素描图的绘制。

（3）18：45—19：00。月面摄影分两种情况：利用手机照相支架，在目镜后端拍摄月面照片，每组拍摄 3~4 张比较满意的月面照片；利用单反相机拍摄月面照片，由三个小组共同完成。

（4）19：00—19：20。整理器材，打扫现场卫生，活动完成。

课后实践

策划一次校园观测活动，或者所在小区公益科普观测活动并实施。

希腊字母表
（附中文读音）

序号	大写	小写	英语音标注音	英文	汉语名称
1	Α	α	/ˈælfə/	alpha	阿尔法
2	Β	β	/ˈbeitə/	beta	贝塔
3	Γ	γ	/ˈɡæmə/	gamma	伽马
4	Δ	δ	/ˈdeltə/	delta	得尔塔
5	Ε	ε	/ˈepsilɔn/	epsilon	艾普西隆
6	Ζ	ζ	/ˈziːtə/	zeta	泽塔
7	Η	η	/ˈiːtə/	eta	伊塔
8	Θ	θ	/ˈθiːtə/	theta	西塔
9	Ι	ι	/aiˈəutə/	iota	约(yāo)塔
10	Κ	κ	/ˈkæpə/	kappa	卡帕
11	Λ	λ	/ˈlæmdə/	lambda	拉姆达
12	Μ	μ	/mjuː/	mu	谬
13	Ν	ν	/njuː/	nu	纽
14	Ξ	ξ	希腊 /ksi/　英美 /ˈzai/ 或 /ˈsai/	xi	克西
15	Ο	o	/əuˈmaikrən/ 或 /ˈaːmiˈkrɔn/	omicron	奥米克戎
16	Π	π	/pai/	pi	派

（待续）

（续）

序号	大写	小写	英语音标注音	英文	汉语名称
17	P	ρ	/rəu/	rho	柔
18	Σ	σ, ς	/'sigmə/	sigma	西格马
19	T	τ	/tɔː/ 或 /tɑu/	tau	陶
20	Υ	υ	/'ipsilɔn/ 或 /'ʌpsilɔn/	upsilon	宇普西龙
21	Φ	φ	/fai/	phi	斐
22	X	χ	/kai/	chi	希
23	Ψ	ψ	/psai/	psi	普西
24	Ω	ω	/'əumigə/ 或 /əu'megə/	omega	奥米伽 / 欧米伽

这不仅仅是一本科普读物
更是星空的秘密日记

建议配合二维码一起使用本书

 资源介绍

高清大图 星空的视觉盛宴	☑ **高清大图** 本书配套高清大图，读者可以下载收藏。
读书卡片 好句好景不独享	☑ **读书卡片** 读者可以拍照上传图书的优美书摘和平时自主积累的天文素材。
天文音频 全方面讲解星空	☑ **天文音频** 百听不厌的天文音频，增加科普趣味性，学习更多天文知识。
图书社群 仰望星空读者交流群	☑ **图书社群** 在群内与同读本书的读者共同分享天文知识，交流阅读感悟。

 配套资源获取步骤

第一步：微信扫描二维码..

第二步：根据提示关注出版社公众号............................

第三步：点击你想要的服务获取并使用.......................

微信扫码领资源
揭开星空的秘密